中国海洋能产业发展年度报告 2019

彭 伟 麻常雷 王海峰 编著

海洋出版社

2019 年 · 北京

图书在版编目(CIP)数据

中国海洋能产业发展年度报告. 2019 / 彭伟，麻常雷，王海峰编著. -- 北京：海洋出版社，2019.12

ISBN 978-7-5210-0524-0

Ⅰ.①中… Ⅱ.①彭… ②麻… ③王… Ⅲ.①海洋动力资源-产业发展-研究报告-中国-2019 Ⅳ.①P743

中国版本图书馆 CIP 数据核字(2019)第 292502 号

责任编辑： 郑跟娣

责任印制： 赵麟苏

海洋出版社 出版发行

http://www.oceanpress.com.cn

北京市海淀区大慧寺路 8 号　邮编：100081

中煤（北京）印务有限公司印刷　新华书店经销

2019 年 12 月第 1 版　2019 年 12 月北京第 1 次印刷

开本：787 mm×1 092 mm　1/16　印张：6.25

字数：80 千字　定价：58.00 元

发行部：62132549　邮购部：68038093　总编室：62114335

编者说明
Bianzhe Shuoming

在《国民经济和社会发展第十三个五年规划纲要》和《“十三五”国家战略性新兴产业规划》指导下，我国海洋能开发利用工作正由技术示范应用向产业培育发展转变。

为总结我国海洋能进展，分析国际海洋能发展趋势，为海洋能产业发展决策提供支撑，国家海洋技术中心在自然资源部海洋战略规划与经济司的支持下，组织人员跟踪研究国内外海洋能发展现状和趋势，对最近一年来我国海洋能技术及产业进展进行了较为系统的梳理和总结，编辑成《中国海洋能产业发展年度报告 2019》。本书所引用的资料和数据时间截至 2019 年 6 月底。

本书由国家海洋技术中心副主任彭伟研究员负责总体策划，并与麻常雷、王海峰共同编著，赵宇梅、王鑫、王项南、汪小勇、邱泓茗、李健、陈利博、武贺、张松、夏海南、张多、李志、王萌、倪娜等收集并整理了部分资料。

在本书编写过程中，自然资源部海洋战略规划与经济司给予了指导，江厦潮汐试验电站、海山潮汐电站、浙江舟山联合动能新能源开发有限公司、浙江大学、中国科学院广州能源研究所等单位提供了重要资料和数据。我们对上述部门和单位提供的帮助表示感谢。书中难免有不完善之处，诚挚希望读者提出批评和指正。

编著者

2019 年 9 月

目 录

MuLu

第一章　我国海洋能产业发展政策

2018年7月以来，随着我国海洋能技术产业化进程的加快，国务院及国家发展改革委、自然资源部、国家能源局等相关部门及地方政府制定并发布了多个涉及海洋能产业发展的战略规划、管理规定以及相关激励政策，为加快推动我国海洋能新兴产业发展营造了积极的环境。

第一节　战略规划

一、国务院关于推动创新创业高质量发展　打造“双创”升级版的意见

2018年9月，为深入实施创新驱动发展战略，进一步激发市场活力和社会创造力，国务院发布了《国务院关于推动创新创业高质量发展　打造“双创”升级版的意见》(以下简称《意见》)，持续推动创新创业高质量发展。

在“(八)加快推进首台(套)重大技术装备示范应用”中，《意见》提出，充分发挥市场机制作用，推动重大技术装备研发创新、检测评定、示范应用体系建设。建立首台(套)示范应用基地和示范应用联盟。引导中小企业等创新主体参与重大技术装备研发，加强众创成果与市场有效对接。

在“(十六)增强创新型企业引领带动作用”中,《意见》提出,建设由大中型科技企业牵头,中小企业、科技社团、高校院所等共同参与的科技联合体。加大对“专精特新”中小企业的支持力度,鼓励中小企业参与产业关键共性技术研究开发,持续提升企业创新能力。

在“(十七)推动高校科研院所创新创业深度融合”中,《意见》提出,健全科技资源开放共享机制,鼓励科研人员面向企业开展技术开发、技术咨询、技术服务、技术培训等,促进科技创新与创业深度融合。推动高校、科研院所与企业共同建立概念验证、孵化育成等面向基础研究成果转化的服务平台。

在“(十八)健全科技成果转化的体制机制”中,《意见》提出,完善国家财政资金资助的科技成果信息共享机制,畅通科技成果与市场对接渠道。试点开展赋予科研人员职务科技成果所有权或长期使用权。加速高校科技成果转化和技术转移,促进科技、产业、投资融合对接。加强国家技术转移体系建设,鼓励高校、科研院所建设专业化技术转移机构。鼓励有条件的地方按技术合同实际成交额的一定比例对技术转移服务机构、技术合同登记机构和技术经纪人(技术经理人)给予奖补。

在“(二十七)完善创新创业差异化金融支持政策”中,《意见》提出,依托国家融资担保基金,采取股权投资、再担保等方式推进地方有序开展融资担保业务,构建全国统一的担保行业体系。支持保险公司为科技型中小企业知识产权融资提供保证保险服务。实施战略性新兴产业重点项目信息合作机制,为战略性新兴产业提供更具针对性和适应性的金融产品和服务。

在“(二十九)培育创新创业集聚区”中,《意见》提出,推动承接产业转移示范区、高新技术开发区聚焦战略性新兴产业构建园区配套及服务体系,充分发挥创新创业集群效应。

二、《清洁能源消纳行动计划(2018—2020年)》

2018年10月，为解决清洁能源消纳问题，建立清洁能源消纳的长效机制，国家发展改革委、国家能源局发布了《清洁能源消纳行动计划(2018—2020年)》(以下简称《行动计划》)。《行动计划》提出，到2020年，基本解决清洁能源消纳问题。

在“(一)科学调整清洁能源发展规划”中，《行动计划》提出，优化各类发电装机布局规模，清洁能源开发规模进一步向中东部消纳条件较好地区倾斜，优先鼓励分散式、分布式可再生能源开发。

在“(四)完善电力中长期交易机制”中，《行动计划》提出，创新交易模式，鼓励合约以金融差价、发电权交易等方式灵活执行，在确保电网安全稳定运行情况下，清洁能源电力优先消纳、交易合同优先执行。

在“(八)研究实施可再生能源电力配额制度”中，《行动计划》提出，由国务院能源主管部门确定各省级区域用电量中可再生能源电力消费量最低比重指标。省级能源主管部门、省级电网企业、售电公司和电力用户共同承担可再生能源电力配额工作和义务。力争在2018年全面启动可再生能源电力配额制度。

在“(九)完善非水可再生能源电价政策”中，《行动计划》提出，进一步降低新能源开发成本，制订逐年补贴退坡计划。合理衔接和改进清洁能源价格补贴机制。落实《可再生能源发电全额保障性收购管理办法》有关要求，鼓励非水可再生能源积极参与电力市场交易。

在“(二十一)推行优先利用清洁能源的绿色消费模式”中，《行动计划》提出，倡导绿色电力消费理念，推动可再生能源电力配额制向消费者延伸，鼓励售电公司和电网公司制定清洁能源用电套餐、可再生能源用电套餐等，引导终端用户优先选用清洁能源电力。

在“(二十二)推动可再生能源就近高效利用”中，《行动计划》提出，选择可再生能源资源丰富的地区，建设可再生能源综合消纳示范区。开展以消纳清洁能源为目的的清洁能源电力专线供电试点，加快柔性直流输电等适应波动性可再生能源的电网新技术应用。探索可再生能源富余电力转化为热能、冷能、氢能，实现可再生能源多途径就近高效利用。

第二节　管理规定

一、国家发展改革委　自然资源部关于建设海洋经济发展示范区的通知

2018 年 11 月，为贯彻落实党的十九大关于“坚持陆海统筹，加快建设海洋强国”重大决策部署，促进海洋经济高质量发展，国家发展改革委、自然资源部发布了《国家发展改革委　自然资源部关于建设海洋经济发展示范区的通知》(以下简称《示范区通知》)，支持山东威海等 14 个海洋经济发展示范区建设(表 1.1)。

《示范区通知》提出，示范区建设要坚持陆海统筹，立足比较优势，突出区域特点，明确发展方向，发挥引领作用。要深入实施创新驱动发展战略，着力推动海洋经济高质量发展。

表 1.1　海洋经济发展示范区名单及主要示范任务

序号	示范区名称	主要任务
(一)设立在市的示范区		
1	山东威海海洋经济发展示范区	发展远洋渔业和海洋牧场，推动传统海洋渔业转型升级和海洋生物医药创新发展
2	山东日照海洋经济发展示范区	推动国际物流与航运服务创新发展，开展海洋生态文明建设示范

续表

序号	示范区名称	主要任务
3	江苏连云港海洋经济发展示范区	推动国际海陆物流一体化模式创新，开展蓝色海湾综合整治
4	江苏盐城海洋经济发展示范区	探索滨海湿地、滩涂等资源综合保护与利用新模式，开展海洋生态保护和修复
5	浙江宁波海洋经济发展示范区	提升海洋科技研发与产业化水平，创新海洋产业绿色发展模式
6	浙江温州海洋经济发展示范区	探索民营经济参与海洋经济发展新模式，开展海岛生态文明建设示范
7	福建福州海洋经济发展示范区	推进海洋资源要素市场化配置，开展涉海金融服务模式创新
8	福建厦门海洋经济发展示范区	推动海洋新兴产业链延伸和产业配套能力提升，创新海洋环境治理与生态保护模式
9	广东深圳海洋经济发展示范区	加大海洋科技创新力度，引领海洋高技术产业和服务业发展
10	广西北海海洋经济发展示范区	加大海洋经济对外开放合作力度，开展海洋生态文明建设示范
(二)设立在园区的示范区		
11	天津临港海洋经济发展示范区	提升海水淡化与综合利用水平，推动海水淡化产业规模化应用示范
12	上海崇明海洋经济发展示范区	开展海工装备产业发展模式创新，创新海洋产业投融资体制
13	广东湛江海洋经济发展示范区	创新临港钢铁和临港石化循环经济发展模式，探索产学研用一体化体制机制
14	海南陵水海洋经济发展示范区	开展海洋旅游业国际化高端化发展示范，创新“海洋旅游+”产业融合发展模式

二、国家发展改革委　国家能源局关于建立健全可再生能源电力消纳保障机制的通知

2019 年 5 月，为加快构建清洁低碳、安全高效的能源体系，促进可再生能源开发利用，国家发展改革委、国家能源局发布了《国家发展改革委　国家能源局关于建立健全可再生能源电力消纳保障机制

制的通知》(以下简称《消纳通知》)，决定对各省级行政区域设定可再生能源电力消纳责任权重，建立健全可再生能源电力消纳保障机制。

在“一、对电力消费设定可再生能源电力消纳责任权重”中，《消纳通知》指出，满足总量消纳责任权重的可再生能源电力包括全部可再生能源发电种类；满足非水电消纳责任权重的可再生能源电力包括除水电以外的其他可再生能源发电种类。

在“四、售电企业和电力用户协同承担消纳责任”中，《消纳通知》指出，各类直接向电力用户供/售电的电网企业、独立售电公司、拥有配电网运营权的售电公司承担与其年售电量相对应的消纳量，通过电力批发市场购电的电力用户和拥有自备电厂的企业承担与其年用电量相对应的消纳量。

在“五、电网企业承担经营区消纳责任权重实施的组织责任”中，《消纳通知》指出，国家电网、南方电网指导所属省级电网企业依据有关省级人民政府批准的消纳实施方案，负责组织经营区内各承担消纳责任的市场主体完成可再生能源电力消纳。

在“六、做好消纳责任权重实施与电力交易衔接”中，《消纳通知》指出，各电力交易机构负责组织开展可再生能源电力相关交易，指导参与电力交易的承担消纳责任的市场主体优先完成可再生能源电力消纳相应的电力交易。

在“七、消纳量核算方式”中，《消纳通知》指出，各承担消纳责任的市场主体以实际消纳可再生能源电量为主要方式完成消纳量，同时可通过以下补充(替代)方式完成消纳量：(1)向超额完成年度消纳量的市场主体购买其超额完成的可再生能源电力消纳量，双方自主确定转让(或交易)价格；(2)自愿认购可再生能源绿色电力证书(简称“绿证”)，绿证对应的可再生能源电量等量记为消纳量。

第三节　激励政策

2019年6月，浙江省发展改革委发布了《省发展改革委关于浙江舟山联合动能新能源开发有限公司LHD模块化大型海洋潮流能发电机组临时上网电价的批复》，同意参照江厦潮汐电站上网电价，对浙江舟山联合动能新能源开发有限公司LHD模块化大型海洋潮流能发电机组(装机容量1 700 kW)给予临时上网电价2.58元/(kW·h)(含税)，自机组并网发电之日起执行。

第四节　资金支持计划

在海洋可再生能源专项资金、国家重点研发计划、国家自然科学基金等持续支持下，我国海洋能技术在基础科学研究、关键技术研发、工程示范等方面取得了较大进展。

一、海洋可再生能源专项资金

自2010年5月设立海洋可再生能源专项资金(以下简称“专项资金”)以来，有力地推动了我国海洋能开发利用水平的快速提升，取得了较为显著的成效，充分发挥了中央财政资金在支持国家产业结构调整、培育战略性新兴产业等方面的引导作用。

截至2019年6月底，“专项资金”实际支持了110多个项目，国拨经费约13亿元。为推进“专项资金”项目进展，海洋可再生能源开发利用管理中心通过现场检查、会议检查、项目约谈、组织项目自查等多种形式，对2010—2018年在研项目进行了监督检查。2018年7月至2019年6月底，共有9个项目通过了验收(表1.2)。

表 1.2　2018 年 7 月至 2019 年 6 月底“专项资金”项目验收统计表

序号	项目名称	承担单位	立项时间	验收时间
1	2×300 kW 潮流能发电工程样机产品化设计与制造	国电联合动力技术有限公司	2013 年	2019 年 1 月
2	锚定式双导管涡轮潮流发电系统研究	哈尔滨工业大学(威海)	2011 年	2019 年 1 月
3	南海海洋能开发利用资源评估与示范电站总体设计	国家海洋技术中心	2016 年	2019 年 1 月
4	海洋能综合支撑服务平台建设(2017 年)	国家海洋技术中心	2017 年	2019 年 1 月
5	5~300 kW 海洋潮流能发电机高可靠复合材料叶片的研发与制造	沈阳风电设备发展有限责任公司	2013 年	2019 年 6 月
6	海上试验场综合测试与评价集成系统一期建设	国家海洋技术中心	2012 年	2019 年 6 月
7	潮流能装备制造关键部件研究与试验	哈电发电设备国家工程研究中心有限公司	2013 年	2019 年 6 月
8	海洋能海岛独立供电系统示范工程建设	浙江大学	2015 年	2019 年 6 月
9	水平轴自变距潮流能工程样机设计定型	杭州江河水电科技有限公司	2013 年	2019 年 6 月

截至 2019 年 6 月底，共有 84 个项目完成验收，6 个项目终止。

二、国家重点研发计划

为支持海洋能基础研究及关键技术创新，“十三五”国家重点研发计划可再生能源与氢能技术重点专项将海洋能作为六个支持方向之一给予了支持。

2018 年 8 月，科技部发布了《国家重点研发计划“可再生能源与氢能技术”重点专项 2018 年度项目申报指南》，2019 年批准实施了“基于我国资源特点的海洋能高效利用创新技术研发”基础研究类项目，经费约 1 800 万元。《国家重点研发计划“可再生能源与氢能技术”重点专项

2019年度项目申报指南》包括“温差能转换利用方法与技术研究”(基础研究类项目)和“高效高可靠波浪能发电装置关键技术研发”(共性关键技术类项目)两个项目。

2019年4月，科技部发布了《国家重点研发计划“政府间国际科技创新合作/港澳台科技创新合作”重点专项2019年第一批项目申报指南》，设置了包括海洋能在内的国际能源署合作项目，单一方向项目的支持经费约300万元。

三、国家自然科学基金

近年来，国家自然科学基金通过面上项目、青年科学基金项目等持续对新兴海洋能领域相关科学问题研究给予支持，有力地推动了我国海洋能基础研究能力的提升，夯实了我国海洋能持续发展的基础。

第二章　我国海洋能技术进展

2018 年 7 月以来，多个潮流能技术及波浪能技术完成了海上示范运行，持续提升了我国海洋能技术成熟度水平。

第一节　潮汐能技术进展

我国现存潮汐能电站仅有江厦潮汐试验电站和海山潮汐电站，前期完成的多个万千瓦级潮汐电站预可研项目尚未进入建设阶段。江厦潮汐试验电站自 2015 年完成技术改造后，总装机增加到 4.1 MW，年发电量约 700×10^4 kW·h，为潮汐能大规模商业化应用储备了成熟的水轮机型谱，并具备了丰富的潮汐机组运行经验。

1975 年建成的海山潮汐电站(图 2.1)，总装机 250 kW，目前仅有一台发电机组在运行，年发电量约 20×10^4 kW·h。

图 2.1　海山潮汐电站、上水库及发电机组

为维护潮汐电站的持续运行及发展，海山潮汐电站近年来策划电

站技术改造，计划增容为 2×250 kW，并对电站下水库进行清淤扩容，工程资金需求约 1 000 万元。2016 年年底通过地方政府审批后，通过地方财政及银行贷款解决了其中一台机组及机坑改造资金需求，将之前的立式机组升级为卧式新型机组，电站改造工程将于 2019 年下半年开工。

第二节　潮流能技术进展

我国潮流能技术总体水平进展较快，目前约有 20 台机组完成了海试，最大单机功率 650 kW，部分机组实现了长期示范运行，我国已成为世界上为数不多的掌握规模化潮流能开发利用技术的国家。先进材料叶片、低流速发电机等产业配套技术已取得初步成果。

一、LHD 模块化海洋潮流能发电技术

浙江舟山联合动能新能源开发有限公司于 2016 年 3 月在舟山秀山岛海域下水安装了 3.4 MW LHD 模块化海洋潮流能机组总成平台，2016 年 8 月，实现并网发电。目前，LHD 模块化海洋潮流能发电平台总装机达 1.7 MW，如图 2.2 所示。

图 2.2　LHD 模块化海洋潮流能发电平台

2016 年 7 月安装的第一代潮流能机组，采用垂直轴式工作原理，装机容量分别为 2×200 kW 和 2×300 kW。2017 年 5 月，第一代 1 MW 机组实现全天候连续并网发电，截至 2019 年 6 月底，连续并网运行时间达到 25 个月。2018 年 11 月，第二代潮流能机组下水[图 2.3(a)]，采用垂直轴式工作原理，装机容量为 2×200 kW。2018 年 12 月，第三代潮流能机组下水[图 2.3(b)]，采用水平轴式工作原理，装机容量为单机 300 kW。截至 2019 年 6 月底，LHD 模块化海洋潮流能并网发电量累计约 130×10^4 kW·h。目前，浙江舟山联合动能新能源开发有限公司正在设计单机 1.2 MW 水平轴式机组[图 2.3(c)]。

(a) 第二代垂直轴机组

(b) 第三代水平轴机组

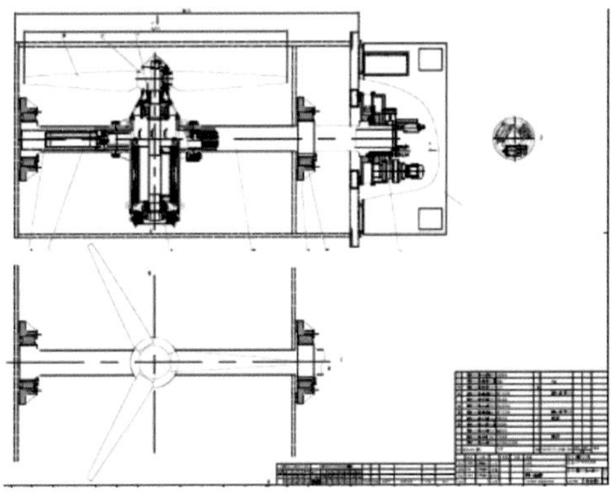

(c) 新水平轴机组图纸

图 2.3 LHD 模块化海洋潮流能发电机组

二、半直驱水平轴式潮流能发电技术

浙江大学研制的 30~650 kW 系列化半直驱水平轴式潮流能机组，采用漂浮式安装方式，2014 年起，在舟山摘箬山岛海域开展示范运行，并向摘箬山岛并网供电。目前，摘箬山岛海域已建成 4 个漂浮式测试平台，可完成最大兆瓦级直驱/半直驱/齿轮传动机组实海况试验。

2019 年 6 月，浙江大学承担的“海洋能海岛独立供电系统示范工程建设”项目通过验收。项目研制的 60 kW[图 2.4(a)]和 120 kW 三叶片机组[图 2.4(b)]于 2016 年 6 月至 2017 年年底累计发电约 20×10^4 kW·h，机组可用率超过 80%。

(a) 60 kW机组海试

(b) 120 kW机组海试

图 2.4 “海洋能海岛独立供电系统示范工程建设”项目研制机组

2019 年 1 月，国电联合动力技术有限公司与浙江大学等单位联合承担的“2×300 kW 潮流能发电工程样机产品化设计与制造”项目通过验收，项目研制的300 kW 半直驱双叶片机组(图 2.5)于 2018 年 3 月布放到摘箬山岛海域进行海试，该机组在国际上首次实现 270°变桨技术，实现了双向潮流能高效捕获和发电，月均发电约 4×10^4 kW·h，在 1.9 m/s 流速下机组实现满发，启动流速仅为 0.5 m/s，整机转换效率接近 40%。

图 2.5　300 kW 半直驱双叶片机组海试

三、自变距水平轴式潮流能发电技术

东北师范大学自变距水平轴式潮流能技术，采用漂浮式安装方式，先后研制了单向四叶片自变距潮流能机组及双向四叶片共轴自变距潮流能机组。

2019 年 6 月，杭州江河水电科技有限公司和东北师范大学等联合承担的“水平轴自变距潮流能工程样机设计定型”项目通过验收。项目研制的 300 kW 自变距三叶片机组(图 2.6)于 2019 年 5 月在摘箬山岛海域开展海试，累计发电量超过 3 500 kW·h。启动流速低于 0.7 m/s，整机转换效率大于 36%。

图 2.6　300 kW 自变距三叶片机组海试

四、锚定式双导管涡轮潮流发电系统

哈尔滨工业大学(威海)锚定式双导管涡轮潮流发电技术，采用带水下锚固系统的浮体式安装的涡轮发电方式，研制了1 kW 发电装置样机，并开展了短期海试。

2019 年 1 月，哈尔滨工业大学(威海)承担的“锚定式双导管涡轮潮流发电系统研究”项目通过验收。

五、潮流能发电装备配套技术

2019 年 6 月，哈电发电设备国家工程研究中心有限公司承担的“潮流能装备制造关键部件研究与试验”项目通过验收，研制了潮流能发电装置关键部件——300 kW 水平轴灯泡式低流速永磁发电机，电气性能符合设计指标，达到各项技术性能要求，满足电气安全要求，运行性能良好。

2019 年 6 月，沈阳风电设备发展有限责任公司承担的“5~300 kW 海洋潮流能发电机高可靠复合材料的研发与制造”项目通过验收。项目针对舟山海域防腐、防污、防泥沙磨损等要求，研制了一套300 kW 潮流能透平叶片。

第三节　波浪能技术进展

针对我国波浪能资源功率密度较低的特点，我国主要研发了小功率波浪能发电装置，目前约有 30 台装置完成了海试，最大单机功率 200 kW，已有技术初步实现为偏远海岛供电。近年来还探索了波浪能网箱养殖、导航浮标供电等应用研究。

一、鹰式波浪能发电技术

中国科学院广州能源研究所研制的鹰式波浪能发电技术，基于振荡浮子式工作原理，采用漂浮式安装方式。2012 年起，在珠海万山岛海域先后布放了 10 kW 和 100 kW 鹰式波浪能发电装置，至 2016 年年底累计并网发电约 3×10^4 kW·h，实现我国首次利用波浪能为海岛居民供电。

2017 年，改造后的 200 kW 鹰式波浪能发电装置开始开展深远海海试，至 2018 年 4 月期间累计发电超过 10.4×10^4 kW·h。2018 年 10 月，200 kW 鹰式波浪能发电装置向三沙市永兴岛并网，最大日送电量超过 2 000 kW·h(图 2.7)，累计向永兴岛供电约 1.5×10^4 kW·h。2019 年 3 月，开工建设两台各装机500 kW 鹰式波浪能发电装置。

图 2.7　鹰式波浪能发电装置为永兴岛供电

鹰式波浪能发电装置已获得美国、英国、澳大利亚等国家发明专利，并取得了法国船级社颁发的全球首个波浪能发电平台性能认证。

二、波浪能网箱养殖供电技术

为推动海洋养殖走向深远海，在海洋能专项资金支持下，招商局工业集团、中国科学院广州能源研究所与中大康乐生物技术公司联合研制了半潜式波浪能养殖网箱。研制基于鹰式波浪能技术实现了120 kW 波浪能装机，为网箱养殖设备提供电力支持。

2019 年 6 月，“澎湖号”半潜式波浪能养殖网箱交付使用。“澎湖号”长66 m，宽 28 m，高 16 m，工作吃水 11.3 m，可提供 10 000 m^3 养殖水体，目前正在珠海桂山岛海域开展海试(图 2.8)。这种波浪能供电的养殖网箱平台在深远海具有较好的推广应用潜力。

图 2.8 “澎湖号”半潜式波浪能养殖平台海试

三、航标用波浪能供电产品化技术

针对航运及海洋开发对航标的需求，海洋能专项资金支持巢湖市银环航标公司与中国科学院广州能源研究所联合研制小型、可靠、稳定、高效的波浪能装置，开展航标用波浪能装置批量生产及应用。

研制的外置式(500 W)波浪能航标“海星”号和内置式(60 W)波浪能航标“海聆”号可在不大于 0.3 m 波高下启动发电(图 2.9)。2018 年 8 月，“海星”号最大海试功率达 261 W。2019 年 5 月，“海聆”号最大海试功率达 108 W。目前，波浪能航标预售已超过 120 台(套)，生产运维成本较传统的太阳能航标降低 58%。

(a) “海星”号工作状态

(b) “海聆”号工作状态

图 2.9 波浪能航标

第三章　我国海洋能产业进展

海洋能开发利用具有投资大、风险高的特点，海洋能产业发展要有成熟稳定的技术装备。我国已有多个潮流能及波浪能技术初步具备了产业化发展基础，已基本建成的室内外测试公共服务体系将为越来越多的海洋能技术改进及定型提供支撑，初步构建的海洋能标准体系将推动我国海洋能加快向标准化、产业化发展。

第一节　公共服务体系建设

一、室内外测试能力

(一)建成多个海洋能室内测试设施

目前，国内已建成多个海洋能实验室测试设施，包括哈尔滨工程大学、国家海洋技术中心、中国科学院广州能源研究所、大连理工大学、浙江大学、中国海洋大学、上海交通大学、中国船舶重工集团公司第七一〇研究所等。

国家海洋技术中心海洋环境动力实验室可在室内模拟海洋风、浪、流等动力环境，为海洋可再生能源开发利用样机提供公共、开放、共享的试验测试平台(图 3.1)。该实验室具备多套高精度波高传感器、热线风速传感器、流速仪、拉压力传感器和扭矩转速传感器等测试设备，非接触式六分量运动测量系统，粒子图像测速仪系统，阻力仪与高精度功率分析仪等设备，还安装了国际领先的水动力仿真软件FLUENT、CFX和AQWA等，可对发电设备周边水动力环境进行数值仿真分析。截至2019年6月底，海洋环境动力实验室已为国内数十个海洋能研究团队提供了室内测试服务。

图3.1　国家海洋技术中心海洋环境动力实验室

（二）海洋能综合测试场初步具备测试条件

位于山东威海褚岛海域的国家浅海海上综合试验场，主要针对波浪能、潮流能发电装置小比例样机开展实海况试验、测试和评价。国家海洋技术中心建造的“国海试1”号漂浮式测试平台（图3.2），已布放至国家浅海海上综合试验场，初步具备了潮流能比例样机以及海洋装备的现场测试服务能力。

国家海洋技术中心在完成的“波浪能与潮流能独立电力系统综合测试技术”基础上，不断完善适用于我国海洋能发电装置现场测试与评价方法的研究工作，是国内首个具备波浪能和潮流能发电装置第三方测试与评价的团队。2019年6月，国家海洋技术中心海洋能发电装置现

图 3.2 “国海试 1”号在试验场运行

场测试与分析评价团队，在浙江舟山秀山岛海域对 LHD 林东模块化大型海洋潮流能发电机组的 300 kW 水平轴式机组开展了功率特性和电能质量特性现场测试与分析评价工作。

二、海洋能标准体系

(一)实施海洋能标准行业管理

全国海洋标准化技术委员会海洋观测及海洋能源开发利用分技术委员会(TC 283/SC 2)负责全国海洋观测及海洋能源开发利用领域标准化技术工作，自 2011 年 12 月成立以来，积极开展我国海洋能标准体系研究以及海洋能国家标准与行业标准制修订等工作。根据已完成的“海洋可再生能源利用标准体系”，我国海洋能开发利用拟制定标准共 226 项，其中通用基础标准 15 项、海洋能调查与评估标准 24 项、海洋能勘察与评价标准 20 项、海洋能发电技术标准 153 项、海洋能开发利用管理标准 14 项。

(二)已发布多个海洋能标准

截至2019年6月底，我国已发布18项海洋能国家标准及行业标准(表3.1)，其中，国家标准9项，行业标准9项，还有多个标准正在制定中。

表3.1 我国已发布的海洋能国家标准及行业标准

序号	标准号	标准名称	性质	实施日期
1	HY/T 045—1999	海洋能源术语	HY/T	1999年7月1日
2	GB/T 33543.1—2017	海洋能术语 第1部分：通用	GB/T	2017年7月1日
3	GB/T 33543.2—2017	海洋能术语 第2部分：调查和评价	GB/T	2017年7月1日
4	GB/T 33543.3—2017	海洋能术语 第3部分：电站	GB/T	2017年7月1日
5	HY/T 155—2013	海流和潮流能量分布图绘制方法	HY/T	2013年5月1日
6	HY/T 156—2013	海浪能量分布图绘制方法	HY/T	2013年5月1日
7	HY/T 181—2015	海洋能开发利用标准体系	HY/T	2015年10月1日
8	HY/T 182—2015	海洋能计算和统计编报方法	HY/T	2015年10月1日
9	HY/T 185—2015	海洋温差能量分布图绘制方法	HY/T	2015年10月1日
10	HY/T 186—2015	海洋盐差能量分布图绘制方法	HY/T	2015年10月1日
11	GB/T 33441—2016	海洋能调查质量控制要求	GB/T	2017年7月1日
12	GB/T 33442—2016	海洋能源调查仪器设备通用技术条件	GB/T	2017年7月1日
13	HY/T 183—2015	海洋温差能调查技术规程	HY/T	2015年10月1日
14	HY/T 184—2015	海洋盐差能调查技术规程	HY/T	2015年10月1日
15	GB/T 34910.1—2017	海洋可再生能源资源调查与评估指南 第1部分：总则	GB/T	2018年2月1日
16	GB/T 34910.2—2017	海洋可再生能源资源调查与评估指南 第2部分：潮汐能	GB/T	2018年2月1日
17	GB/T 34910.3—2017	海洋可再生能源资源调查与评估指南 第3部分：波浪能	GB/T	2018年4月1日
18	GB/T 34910.4—2017	海洋可再生能源资源调查与评估指南 第4部分：海流能	GB/T	2018年2月1日

在已经发布的 18 项海洋能标准中，海洋能通用基础标准 10 项，海洋能调查与评估标准 8 项。

三、宣传与教育

随着我国海洋能技术从工程示范向规模化利用发展，环境影响问题、海域使用问题等对海洋能开发利用的影响越来越大。为使社会大众、相关管理部门更多更好地了解海洋能，近年来，我们加强了海洋能开发利用工作及其成果的宣传普及力度，为海洋能产业化发展营造更好的政策环境。

2018 年 11 月，“伟大的变革——庆祝改革开放 40 周年大型展览”在北京国家博物馆举办，百千瓦级波浪能发电装置作为科技创新成果进行了展出。

2019 年 6 月，在 2019 年全国大众创业万众创新活动周期间，李克强总理参观了在“双创”主题展区展出的海洋潮流能发电成果。

此外，纪录片《潮汐发电》完成拍摄，将在中央电视台科教频道播出，向全国大众开展海洋能科普。以“中国制造”的海洋能故事为主题的《奋进的旋律》完成拍摄，作为国庆献礼剧在中央电视台播出。

第二节　我国海洋能产业现状

在自然资源部、财政部、科技部、工业和信息化部、国家自然科学基金委等相关部门联合支持下，我国已形成了一定规模的海洋能理论研究、技术研发、装备制造、海上运输、安装、运行维护、电力并网等专业队伍，具备了一定的海洋能产业发展基础。

一、直接经济效益

截至 2019 年 6 月底，我国海洋能电站总装机超过 7 MW，累计发电量超过 2. 35×10^{8} kW·h。其中，2018 年全年实现电费收入近 2 000 万元(表 3. 2)。

表 3. 2　我国海洋能电站一览表

海洋能电站	总装机容量/MW	累计发电量/×10^{4} kW·h	2018 年电费收入/万元
潮汐能电站	4. 35	23 200	1 810
潮流能电站	2. 8	350	130
波浪能电站	0. 2	15	—
合计	7. 35	23 565	1 940

(一)潮汐能电站

截至 2019 年 6 月底，我国潮汐能电站总装机容量为 4. 35 MW，累计发电量超过 2. 32×10^{8} kW·h，其中，2018 年发电量约 720×10^{8} kW·h，电费收入约1 810万元。

江厦潮汐试验电站于 1980 年并网发电，经过数次改造升级后，目前电站总装机容量为 4. 1 MW。截至 2019 年 6 月底，江厦潮汐试验电站累计发电量超过 2. 2×10^{8} kW·h，其中，2018 年发电量约 700×10^{4} kW·h。在浙江省发展改革委出台的激励政策支持下，江厦潮汐试验电站的上网电价为 2. 58 元/(kW·h)，2018 年江厦潮汐试验电站的电费收入约 1 800 万元。

海山潮汐电站于 1975 年并网发电，目前电站总装机容量为 0. 25 MW。截至 2019 年 6 月底，海山潮汐电站累计发电量超过 1 200×10^{4} kW·h，其中，2018 年发电量约 20×10^{4} kW·h(仅 1 台机组在运行)，海山潮汐电站的上网电价为 0. 46 元/(kW·h)，2018 年海山潮汐电站的电费收入约 9 万元。

（二）潮流能电站

截至2019年6月底，我国潮流能电站总装机容量超过2.8 MW，累计发电量超过350×10^4 kW·h，其中，2018年发电量约200×10^4 kW·h，电费收入约130万元。

浙江舟山联合动能新能源开发有限公司LHD模块化大型海洋潮流能机组于2016年8月并网发电，目前电站总装机容量为1.7 MW。截至2019年6月底，电站首批1 MW机组连续并网发电超过25个月，累计发电量超过120×10^4 kW·h，其中，2018年发电量约50.5×10^4 kW·h。根据2019年6月浙江省发展改革委的相关文件批复，LHD模块化大型海洋潮流能发电机组(装机容量1 700 kW)临时上网电价为2.58元/(kW·h)(含税)，2018年该电站的电费收入约130万元。

浙江大学摘箬山岛潮流能示范电站自2014起，相继有多台潮流能机组在此示范运行并发电。2016年6月起，北岙电网开闭所建成，开始为摘箬山岛潮流能发电进行单独计量，目前，摘箬山岛潮流能示范电站累计总装机容量为1.1 MW。截至2019年6月底，示范电站累计发电量超过200×10^4 kW·h，并免费并入摘箬山岛电网。

（三）波浪能电站

截至2019年6月底，我国波浪能电站总装机容量为0.2 MW，累计发电量超15×10^4 kW·h，其中，2018年发电量超过8×10^4 kW·h。

中国科学院广州能源研究所200 kW鹰式波浪能发电装置，2017年12月底到2018年4月，在我国南海赵述岛海域离网发电超过10×10^4 kW·h，2018年10月向三沙市永兴岛免费供电约1.5×10^4 kW·h。

巢湖市银环航标公司与中国科学院广州能源研究所联合研制的航标用波浪能供电模块实现批量化生产及应用，年生产能力突破500台(套)，2018年预售超过100台(套)。

招商局工业集团、中国科学院广州能源研究所与中大康乐生物技术公司联合研制的半潜式波浪能养殖网箱于2019年6月交付，目前正在珠海桂山岛海域开展海试，具备了一定的产业推广能力。

二、专利及从业机构统计

根据对国家知识产权局的网络公开查询统计，截至2019年6月底，我国海洋能领域共有2 546项发明专利及实用新型专利获授权(已剔除重复数据)。其中，波浪能技术授权专利为1 623项，潮流能技术授权专利为372项，潮汐能技术授权专利为368项，温差能技术授权专利为36项，盐差能技术授权专利为13项，海洋能综合利用方向的授权专利为332项。

随着越来越多的涉海高校、科研院所以及企业进军海洋能领域，我国海洋能队伍规模不断壮大。据不完全统计，目前我国海洋能从业机构达到657家，相比2015年年底增加了399家，增长幅度达到155%。目前，我国海洋能产业链中，以从事技术研发的机构为主。

第三节　国际合作与交流

为积极应对气候变化，发展低碳经济已成为国际社会的普遍共识。在节能减排目标驱动下，发展可再生能源已成为许多国家推进能源转型的核心内容和应对气候变化的重要途径。鉴于海洋能资源开发利用的巨大潜力，沿海主要国家纷纷布局海洋能开发利用技术研究，支持推进海洋能技术产业化。在国际海洋能组织和海洋能先进国家的推动下，国际海洋能产业化进程逐步加快，为促进海洋能开发利用经验交流，我国积极加入了相关国际海洋能组织并开展了务实合作。同时，为推进全社会对海洋能资源开发利用的认知，近年来我国加大了对海洋能开发利用工作的宣传力度，为海洋能开发利用营造了更好的发展环境。

一、多边合作与交流

（一）国际能源署海洋能系统技术合作计划

2001 年，为了更好地促进海洋能的研究、开发与利用，引导海洋能技术向可持续、高效、可靠、低成本及环境友好的商业化应用方向发展，发起国在国际能源署（IEA）支持下成立了海洋能源系统实施协议（OES-IA）。2016 年，IEA 将OES-IA更名为海洋能系统技术合作计划（OES-TCP）（以下简称“OES”）。OES 以支持开展专题工作组跨国研究的形式，相继支持了多个成员开展了“海洋能系统信息交流与宣传”“海洋能系统测试与评估经验交流”“波浪能及潮流能系统环境影响评价与监测”等 10 余个专题工作组的研究。截至 2018 年年底，OES 共有 25 个成员，见表 3. 3。

表 3. 3　OES 成员一览表

加入时间	成员	缔约机构
2001 年	葡萄牙	Laboratório Nacional de Energia e Geologia 国家能源和地质实验室
	丹麦	Danish Energy Authority 丹麦能源署（丹麦能源管理局）
	英国	Department of Energy and Climate Change 能源和气候变化部
2002 年	日本	Saga University 佐贺大学
	爱尔兰	Sustainable Energy Authority of Ireland 爱尔兰可持续能源管理局
2003 年	加拿大	Natural Resources Canada 加拿大自然资源部
2005 年	美国	U. S. Department of Energy 美国能源部

续表

加入时间	成员	缔约机构
2006 年	比利时	Federal Public Service Economy 联邦公共服务经济部
2007 年	德国	The Government of the Federal Republic of Germany 德意志联邦共和国政府
	挪威	The Research Council of Norway 挪威研究理事会
	墨西哥	The Government of Mexico 墨西哥合众国政府
2008 年	西班牙	TECNALIA，Biscay Marine Energy Platform TECNALIA 研究院（2008—2017 年），比斯开海洋能试验场（2018 年至今）
	意大利	Gestore dei Servizi Energetici 能源监管局
	新西兰	Aotearoa Wave and Tidal Energy Association 新西兰波浪能和潮流能协会
	瑞典	Swedish Energy Agency 瑞典能源署
2009 年	澳大利亚	Commonwealth Scientific and Industrial Research Organisation 联邦科学与工业研究组织（2008—2013 年）
2010 年	韩国	Ministry of Oceans and Fisheries 海洋水产部
	南非	South African National Energy Development Institute 南非国家能源发展研究所
2011 年	中国	National Ocean Technology Centre 国家海洋技术中心
2013 年	尼日利亚	Institute for Oceanography and Marine Research 海洋学与海洋研究所
	摩纳哥	Government of the Principality of Monaco 摩纳哥公国政府
2014 年	新加坡	Nanyang Technological University 南洋理工大学
	荷兰	Netherlands Enterprise Agency 荷兰企业管理局

续表

加入时间	成员	缔约机构
2016 年	印度	National Ocean Technology Institute 国家海洋技术研究所
	法国	France Energies Marines 法国海洋能研究所
	欧盟	European Commission 欧盟委员会
2018 年	澳大利亚	Commonwealth Scientific and Industrial Research Organization 联邦科学与工业研究组织

2011 年，国家海洋技术中心作为缔约机构代表中国加入 OES，相继加入了多个专题工作组，并牵头承担了温差能开发利用工作组。为履行 OES 成员“海洋能系统信息交流与宣传”等职责，国家海洋技术中心按季度编辑发行《海洋可再生能源开发利用国内外动态》简报，宣传国内外海洋能发展动态。2019 年 3 月，OES 正式出版了《OES 2018 年年度报告》(图 3.3)。

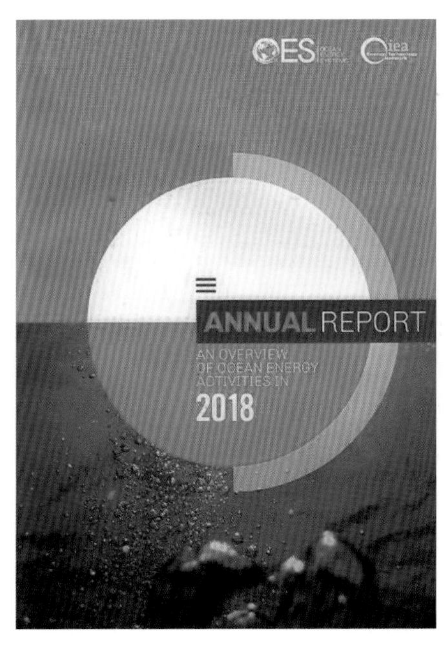

图 3.3 《OES 2018 年年度报告》及《海洋可再生能源开发利用国内外动态》简报(季刊)

为加强成员间海洋能国际合作、促进信息交流，OES 每年召开两次执委会会议。2018 年 11 月 29—30 日，OES 第 35 次执委会会议在西班牙大加那利岛(Gran Canaria)召开，来自英国、美国、葡萄牙、欧盟等成员的 18 位代表参会，会议选举了英国代表 Henry Jeffrey 担任 2019—2020 年 OES 主席。2019 年 3 月 26—27 日，OES 第 36 次执委会会议在墨西哥里维埃拉玛雅(Riviera Maya)召开，来自墨西哥、中国、英国、美国、法国、葡萄牙等 15 个成员以及智利、巴拿马、乌拉圭 3 个观察员国的 23 名代表参会(图 3.4)，国家海洋技术中心彭伟副主任和自然资源部海洋战略规划与经济司冯磊处长全面参与了本次执委会的工作议程，与各国参会代表进行了积极交流，彭伟副主任进行了专题报告，介绍了我国海洋能政策规划、技术发展以及工程示范取得的最新进展。

图 3.4　第 36 次执委会会议

OES 温差能开发利用工作组由中国和韩国牵头开展，中国、日本、韩国、印度、法国、荷兰等多个 OES 成员参加，中国牵头负责全球温差能资源调查评估工作，评估全球温差能资源储量。自 2016 年开展项目研究以来，先后完成国际联合问卷调查、联合研讨会、网络会议、温差能资源评估专题培训等工作。2019 年 6 月，完成《全球温差能资源评估报告》，包括温差能资源评估方法和数据、全球温差能资源分布特征分析等内容(图 3.5)。

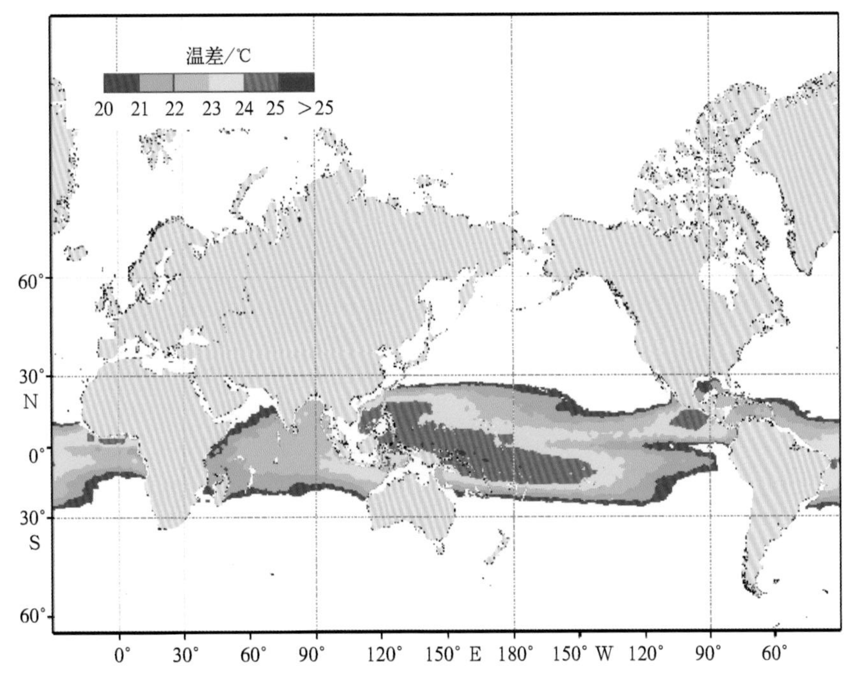

图 3.5　全球海洋平均温差分布

(二)国际电工委员会波浪能、潮流能和其他水流能转换设备技术委员会

2007 年，为推动海洋能转换系统国际标准的制定和推广，国际电工委员会(IEC)成立了波浪能、潮流能和其他水流能转换设备技术委员会(IEC/TC 114)，标准化范围重点集中在将波浪能、潮流能和其他水流能转换成电能。目前，IEC/TC 114 有 14 个成员，13 个观察员。2019 年 4 月 8—12 日，IEC/TC 114 2019 年全体会议在荷兰代尔夫特(Delft)召开。截至 2019 年 6 月，IEC/TC 114 共发布了 12 个国际标准，更正及修订了 2 个标准，见表 3.4。

表 3.4　IEC/TC 114 已发布的标准

序号	标准号	版本	标准名称	发布时间
1	IEC TS 62600-1: 2011	Ed. 1.0	Marine energy-Wave, tidal and other water current converters-Part 1: Terminology 海洋能——波浪能、潮流能和其他水流能转换设备　第 1 部分：术语	2011 年 12 月
2	IEC TS 62600-1: 2011+ AMD1: 2019 CSV	Ed. 1.0	Marine energy-Wave, tidal and other water current converters-Part 1: Terminology 海洋能——波浪能、潮流能和其他水流能转换设备　第 1 部分：术语(修订版)	2019 年 3 月
3	IEC TS 62600-2: 2016	Ed. 1.0	Marine energy-Wave, tidal and other water current converters-Part 2: Design requirements for marine energy systems 海洋能——波浪能、潮流能和其他水流能转换设备　第 2 部分：海洋能系统设计要求	2016 年 8 月
4	IEC TS 62600-10: 2015	Ed. 1.0	Marine energy-Wave, tidal and other water current converters - Part 10: Assessment of mooring system for marine energy converters (MECs) 海洋能——波浪能、潮流能和其他水流能转换设备　第 10 部分：海洋能转换装置锚泊系统评估	2015 年 3 月
5	IEC TS 62600-20: 2019	Ed. 1.0	Marine energy-Wave, tidal and other water current converters-Part 20: Design and analysis of an Ocean Thermal Energy Conversion (OTEC) plant-General guidance 海洋能——波浪能、潮流能和其他水流能转换设备　第 20 部分：海洋温差能电站设计和分析通用指南	2019 年 6 月
6	IEC TS 62600-30: 2018	Ed. 1.0	Marine energy - Wave, tidal and other water current converters - Part 30: Electrical power quality requirements 海洋能——波浪能、潮流能和其他水流能转换设备　第 30 部分：电能质量要求	2018 年 8 月

续表

序号	标准号	版本	标准名称	发布时间
7	IEC TS 62600-40: 2019	Ed. 1. 0	Marine energy-Wave, tidal and other water current converters-Part 40: Acoustic characterization of marine energy converters 海洋能——波浪能、潮流能和其他水流能转换设备　第 40 部分：海洋能转换设备声学特性	2019 年 6 月
8	IEC/TS 62600-100: 2012	Ed. 1. 0	Marine energy-Wave, tidal and other water current converters - Part 100: Electricity producing wave energy converters-Power performance assessment 海洋能——波浪能、潮流能和其他水流能转换设备　第 100 部分：波浪能转换设备发电性能评估	2012 年 8 月
9	IEC/TS 62600-100: 2012/COR1: 2017	Ed. 1. 0	Marine energy-Wave, tidal and other water current converters - Part 100: Electricity producing wave energy converters-Power performance assessment 海洋能——波浪能、潮流能和其他水流能转换设备　第 100 部分：波浪能转换设备发电性能评估(更正版)	2017 年 4 月
10	IEC/TS 62600-101: 2015	Ed. 1. 0	Marine energy-Wave, tidal and other water current converters-Part 101: Wave energy resource assessment and characterization 海洋能——波浪能、潮流能和其他水流能转换设备　第 101 部分：波浪能资源评估及特性	2015 年 6 月
11	IEC/TS 62600-102: 2016	Ed. 1. 0	Marine energy-Wave, tidal and other water current converters - Part 102: Wave energy converter power performance assessment at a second location using measured assessment data 海洋能——波浪能、潮流能和其他水流能转换设备　第 102 部分：利用实测评估数据对波浪能转换设备布放在其他位置的发电性能进行评估	2016 年 8 月

续表

序号	标准号	版本	标准名称	发布时间
12	IEC/TS 62600-103: 2018	Ed. 1.0	Marine energy-Wave, tidal and other water current converters-Part 103: Guidelines for the early stage development of wave energy converters-Best practices and recommended procedures for the testing of pre-prototype devices 海洋能——波浪能、潮流能和其他水流能转换设备　第 103 部分：波浪能转换设备初期研发准则　实验室样机测试最佳实践及推荐程序	2018 年 7 月
13	IEC/TS 62600-200: 2013	Ed. 1.0	Marine energy-Wave, tidal and other water current converters-Part 200: lectricity producing tidal energy converters-Power performance assessment 海洋能——波浪能、潮流能和其他水流能转换设备　第 200 部分：潮流能转换设备发电性能评估	2013 年 5 月
14	IEC TS 62600-201: 2015	Ed. 1.0	Marine energy-Wave, tidal and other water current converters-Part 201: Tidal energy resource assessment and characterization 海洋能——波浪能、潮流能和其他水流能转换设备　第 201 部分：潮流能资源评估及特性	2015 年 4 月

哈尔滨大电机研究所为国内技术对口单位，成立了全国海洋能转换设备标准化技术委员会(SAC/TC 546)，促进国际海洋能标准转化。

二、双边合作与交流

(一)中马海洋能合作

在中国-马来西亚海洋科技合作联委会支持下，自 2017 年开始，国家海洋技术中心和马来西亚理工大学开展了马来西亚周边海洋能资源评估方法研究及波浪能技术研究等联合工作。通过中马海洋能研究国际合作项目，针对马来西亚西部海域，分析了西马来西亚半岛周边波浪能资源特性，共同研讨了波浪能资源评估、装置动力特性分析等工作。2019 年，双方签订了海洋能领域合作谅解备忘录(图 3.6)，建立了中马海洋能技术领域长效合作机制。

图 3.6　中马双方签订海洋能合作备忘录

(二)中韩海洋能研讨会

为促进中韩两国海洋能学术交流与合作，在中韩海洋科学共同研究中心支持下，2018 年 10 月 22—23 日，在浙江大学舟山校区举办了第一届中韩海洋能研讨会，来自韩国海洋科学技术研究院(KIOST)、韩国船舶与海洋工程研究所(KRISO)、自然资源部第一海洋研究所、浙江大学、国家海洋技术中心、东北师范大学等的 20 余位代表参会，围绕海洋温差能、潮流能、波浪能等海洋能技术及政策进行了交流，并参观了浙江大学摘箬山岛潮流能示范基地。

2019 年 5 月 14—16 日，第二届中韩海洋能研讨会在韩国济州国际会议中心举办，来自自然资源部第一海洋研究所、国家海洋技术中心、山东大学、浙江大学、韩国海洋科学技术研究院、韩国船舶与海洋工程研究所、圆光大学(Wonkwang University)等 20 余位代表参会，围绕潮流能、波浪能、深海水利用进行了广泛交流，并参观了韩国南部发电国际风能控制中心和济州海洋能转换装置海上测试基地(图 3.7)。

会议期间，中韩双方OES代表还就推进OES温差能开发利用工作组合作研究进行了深入交流。

第三届中韩海洋能研讨会于2019年10月在山东大学青岛校区举办。

图3.7　第二届中韩海洋能研讨会

（三）中英海洋能合作研讨会

在国家自然科学基金委员会、英国工程与自然科学研究理事会（EPSRC）共同支持下，中英双方海洋能领域的大学、研究机构、企业等多方共同开展了中英海洋能联合研究计划。2018年3月，在英国召开了第一届中英海洋可再生能源合作研讨会。中英合作为两国海洋能从业人员建立了沟通网络，有力地推动了双方在海洋能技术创新与产业发展向深层次迈进。

第二届中英海洋可再生能源合作研讨会于2019年7月在山东青岛举行。

第四章　国际海洋能产业进展概况

全球海洋能资源丰富，根据联合国政府间气候变化专门委员会2011年发布的《可再生能源资源专门报告》，全球海洋能资源理论上年发电量最高达 $2\ 000\times10^{12}$ kW·h，是当前全球电力年需求的数十倍。海洋能开发利用需解决能量密度不高、技术难度大等问题，英、美等国视海洋能为战略性资源，不断加强投入，推动海洋能技术的产业化。

第一节　国际海洋能市场前景展望

一、国际海洋能市场前景

OES 最新发布的《国际海洋能展望 2017》(图 4.1) 指出，到 2050 年，全球海洋能总装机容量将达到 30×10^4 MW，创造 68 万个就业岗位，减少二氧化碳排放量高达 5×10^8 t。

英国碳信托(Carbon Trust)咨询机构 2011 年发布的《海洋能绿色增长报告》显示，到 2050 年，全球海洋能市场投资潜力乐观估计累计将达 4 600 亿英镑，其中波浪能市场约 3 350 亿英镑，潮流能市场约 1 250 亿英镑。

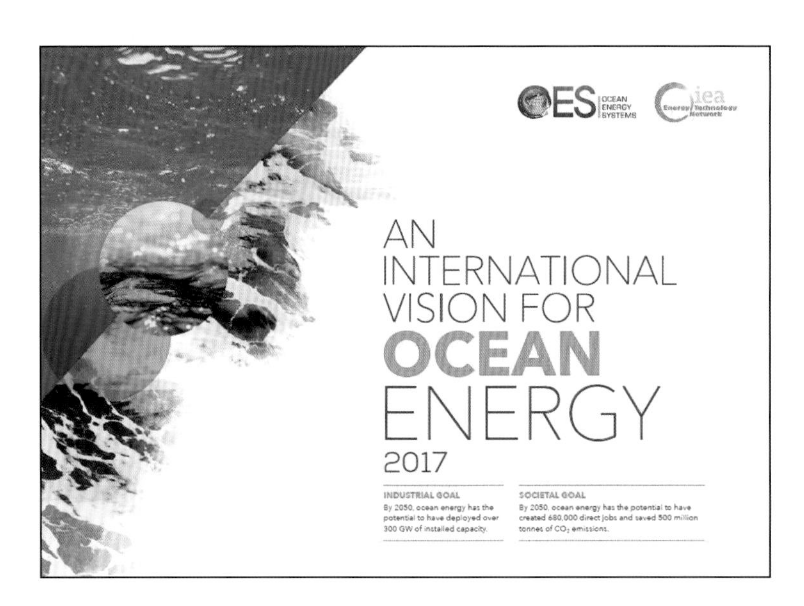

图 4.1　OES《国际海洋能展望 2017》

二、欧洲海洋能市场前景

鉴于海洋能在减少碳排放、加强能源安全和促进沿海地区经济增长等方面的重要作用，欧盟通过欧洲战略能源技术规划(SET-Plan)和“蓝色增长”战略等大力支持海洋能产业发展。

2018 年 7 月，欧盟海洋与渔业总司(DGMAF)和联合研究中心(JRC)联合发布的《欧盟蓝色经济年度报告 2018》(图 4.2)指出，到 2050 年，欧盟海洋能总装机容量将达到 10×10^4 MW，将满足欧洲 10%的电力需求。不过从目前来看，海洋能装置装机进展比预期慢，主要面临的挑战是技术定型以及成本高企，预计到 2025 年之前，海洋能发电成本有望下降 75%~85%。从 2016 年的统计数据来看，全球大约有 35 个潮流能研发机构完成了机组的实海况测试，其中 20 个位于欧洲；全球有 50 多个波浪能研发机构完成了发电装置的实海况测试，其中 26 个位于欧洲。

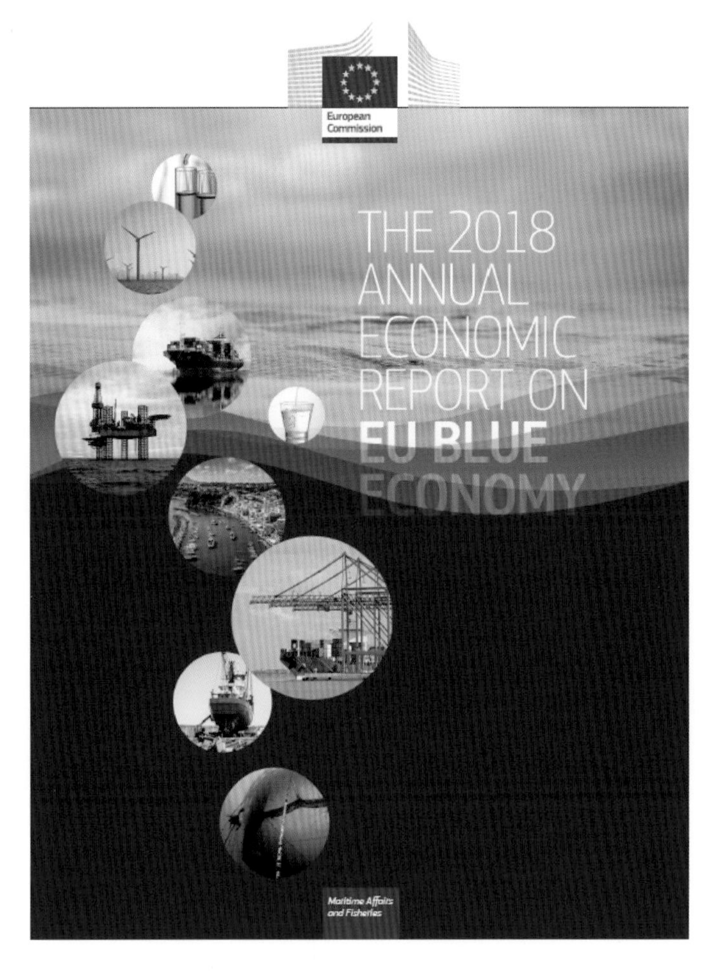

图 4.2 《欧盟蓝色经济年度报告 2018》

JRC 于 2017 年 3 月发布的《JRC 海洋能现状报告 2016》显示，在欧洲一般潮流能资源条件下，当前潮流能技术的均化发电成本(LCoE)约为 0.62 欧元/(kW·h)，学习曲线率按 12%计算，潮流能总装机容量达到千兆瓦级时，潮流能均化发电成本将下降至约 0.13 欧元/(kW·h)。在欧洲一般波浪能资源条件下，当前波浪能技术的均化发电成本约为 0.85 欧元/(kW·h)，学习曲线率按 12%计算，波浪能总装机容量达到万兆瓦级时，波浪能均化发电成本将下降至约 0.22 欧元/(kW·h)，如图 4.3 所示。

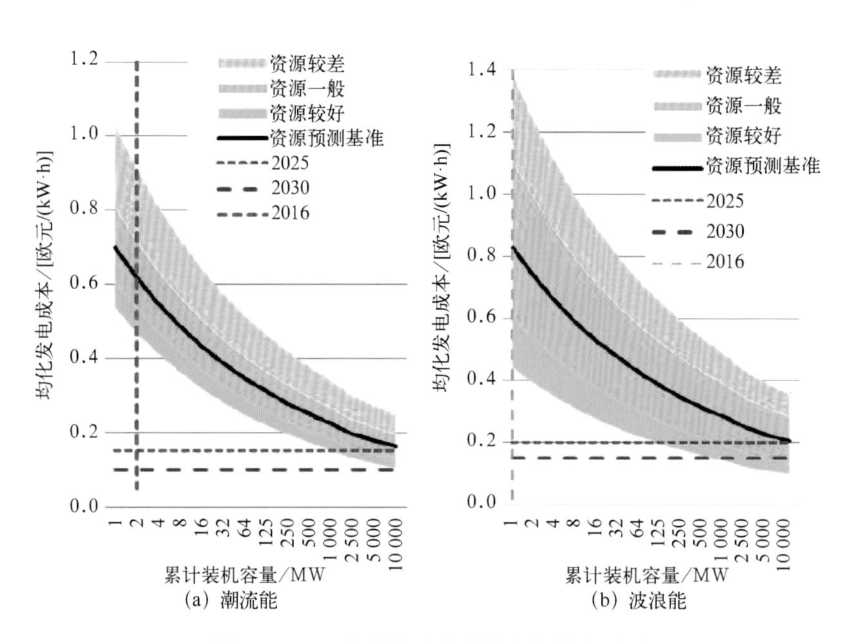

图 4.3　JRC 潮流能及波浪能发电成本预测

第二节　国际海洋能产业现状概况

近年来，英国、美国、日本等海洋能强国持续加大对海洋能研发应用的投入力度，在国际社会的持续支持和不断努力下，国际海洋能技术产业化进程不断加快。

一、国际海洋能技术现状

国际海洋能技术总体上已进入产业化初期阶段。世界最大的潮汐电站装机容量达 254 MW；多个潮流能发电机组单机装机已超过 1 MW，并应用于潮流能发电场建设；多种原理的波浪能发电技术开展了多年的实海况试验，个别技术接近商品化；少数国家开展了温差能综合利用技术示范，如美国计划开工建设 10 兆瓦级温差能电站。

（一）潮汐能技术

作为最成熟的海洋能发电技术，拦坝式潮汐能技术早在数十年前就已实现商业化运行，如建成于 1966 年的法国朗斯电站（总装机容量 240 MW）和 1984 年的加拿大安纳波利斯电站（总装机容量 20 MW）。2011 年 8 月，韩国始华湖潮汐电站（总装机容量 254 MW）建成投产，装有 10 台各 25.4 MW 的灯泡贯流式水轮机组，为目前世界上装机容量最大的潮汐电站，年发电量 5.5×10^{8} kW·h，年可节约 86 万桶原油，减少二氧化碳排放 31.5×10^{4} t。拦坝式潮汐电站建设会对当地海域产生一定的环境影响，同时对近岸海域的排他性利用使得潮汐能开发利用进展缓慢。英国等国开展了开放式潮汐能开发利用技术研究，提出的潮汐潟湖（tidal lagoon）、动态潮汐能（DTP）等新型潮汐能技术，对海域生态损害很小，如经多年环境影响论证，装机容量为 320 MW 的英国斯旺西海湾（Swansea Bay）新型潮汐潟湖电站项目于 2017 年得到了威尔士政府批准，不过在 2018 年年底被英国内阁以电价补贴仍需降低为由暂停了该工程。

（二）潮流能技术

近年来，国际潮流能技术发展迅速，英国、荷兰、法国等均实现了兆瓦级机组并网运行。《JRC 海洋能现状报告 2016》统计表明，国际潮流能技术种类进一步向水平轴式收敛，占比高达 76%（图 4.4）。截至 2016 年年底，全球建成了 14 个潮流能发电阵列，其中 12 个位于欧洲。

英国 MeyGen 潮流能发电场一期（装机容量 6 MW）建成，荷兰 Tocardo 公司 1.2 MW 潮流能发电阵列并网发电，标志着国际潮流能技术进入商业化运行阶段。目前，英国潮流能开发利用居于国际领先水平。截至 2019 年 6 月底，MeyGen 潮流能发电场累计并网发电量超过 $1\ 700\times10^{4}$ kW·h，远远超过其他国家潮流能并网发电量总和，机组可用率高达90%。在IEA OES支持下，美国在潮流能开发利用环境影响评价方面开展了较多研究工作。

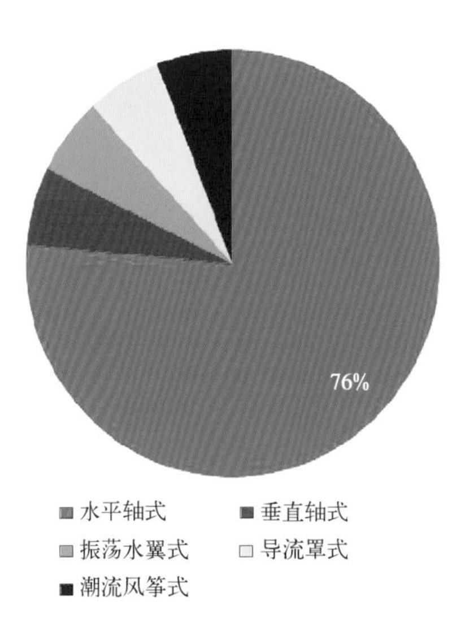

图4.4 国际潮流能技术种类统计

（三）波浪能技术

国际波浪能发电技术处于实海况示范阶段。波浪能发电技术类型较多，主要包括振荡水柱式、点吸收式、衰减式等。《JRC海洋能现状报告2016》统计表明，国际波浪能技术种类仍处于发散阶段，点吸收式技术占比最高，为39%（图4.5）。截至2016年年底，全球共有21个波浪能发电项目处于海试示范阶段，其中15个项目位于欧洲。更多的波浪能技术处于研发、海试、改进/失败、再研发的周期，统计的57个波浪能研发机构中有40个仍处于研发初期阶段。

目前，国际上经过多年海试的百千瓦级波浪能装置较多，但还都未具备商业化运行条件，结合近岸海洋工程以及海上装备供电用的千瓦级波浪能技术近期具有较好的规模化利用前景。美国、西班牙等国有波浪能技术进入商业化阶段，西班牙Mutriku波浪能电站，总装机容量296 kW，由16台发电装置组成，自2011年运行以来年

均发电 40×10^4 kW·h。美国海洋电力技术（OPT）公司研发的 PowerBuoy 点吸收式波浪能发电装置，主要用于水下海洋观测设备供电，可有效地解决水下海洋观测设备长期供电可靠性的问题。

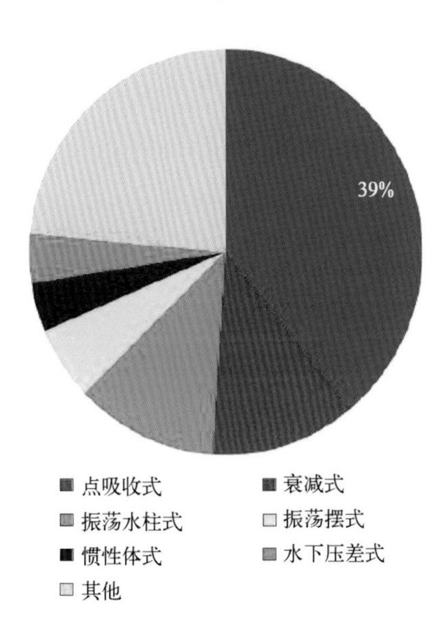

图 4.5　国际波浪能技术种类统计

（四）温差能技术

海洋温差能转换技术除用于发电外，在海水制淡、空调制冷、深海养殖、深海冷海水及底泥深度开发等方面也有着广泛的应用前景。多个国家建成了海洋温差能发电及综合利用示范电站。例如，日本于 2013 年在冲绳建成 50 kW 混合式温差能发电及综合利用电站；美国于 2015 年在夏威夷建成 100 kW 闭式温差能电站并示范运行，可满足当地 120 户家庭用电；印度拥有多年的温差能海水淡化应用经验，2012 年在米尼科伊岛建造了日产淡水约 100 t 的温差能制淡示范电站。还有多个兆瓦级温差能示范电站正在设计中，如美国洛克希德-马丁公司与美国海军和能源部合作设计的 10 兆瓦级温差能电站；韩国在设计 1 MW 海洋温差能示范装置，并将安装到太平洋岛国基里巴斯；法国在欧盟 NER300 计划支持下，耗资约 7 200 万欧元，在法属马提尼克岛设计建造10兆瓦级温差能电站。

（五）盐差能技术

国际盐差能技术仍处于关键技术突破期，渗透膜、压力交换器等关键技术和部件研发仍需突破。挪威Statkraft公司于2009年建成的全球首个盐差能发电示范系统——10 kW压力延缓渗透式盐差能示范装置，于2013年12月底因成本过高停止运行。目前，荷兰REDStack公司在荷兰阿夫鲁戴克大堤(Afsluitdijk)建成的50 kW反向电渗析盐差能示范电站仍在运行。

二、国际海洋能产业概况

从产业规模来看，目前国际海洋能发电总装机容量接近600 MW，以潮汐能电站为主，潮流能和波浪能产业在近几年发展较快。从从业机构来看，根据爱尔兰国立科克大学(UCC)2014年统计，国际海洋能产业机构超过2 500个。国际海洋能产业活动目前以装置研发及示范为主。

（一）海洋能政策方面

根据OES统计，其成员广泛采取了战略规划、资金支持、激励措施、行业管理、基础设施、标准法规等各种海洋能政策加速推动海洋能技术的产业化进程(表4.1)。

表4.1 OES成员海洋能政策统计

政策	分类	国家/组织	备注
战略规划	中长期发展路线图	英国	海洋可再生能源技术路线图2009
		欧盟	欧洲离岸可再生能源路线图
		加拿大	2050年海洋能路线图
	确定发展目标	爱尔兰	2020年装机总量达$50×10^4$ kW
		葡萄牙	2020年装机总量达$55×10^4$ kW

续表

政策	分类	国家/组织	备注
资金支持	研发阶段补助	美国	能源部水力计划，提供研发补助
	样机阶段补助	英国	设立海洋可再生能源检验基金
	应用阶段补助	英国	设立海洋可再生能源应用基金
	奖励	英国苏格兰	蓝十字奖
激励措施	固定上网电价	葡萄牙/爱尔兰	海洋能发电固定电价收购
		英国	差额合约(CfD)固定电价
	交易证制度	英国	可再生能源义务证(ROC)
行业管理	行业 & 区域发展补助	英国/苏格兰	鼓励集群发展
	产业协会	爱尔兰/新西兰	政府提供财政支持，鼓励成立产业协会
基础设施	国家海洋能源中心	美国	太平洋海洋能中心 夏威夷国家海洋可再生能源中心
	海洋能测试中心	英国苏格兰	欧洲海洋能源中心(EMEC)
		加拿大	芬迪湾海洋能源研究中心(FORCE)
	海上网络中心	英国	波浪能网络中心
标准法规	标准/协议	国际电工技术委员会	海洋能国际标准
	海洋空间规划	德国/瑞典	实施海洋空间规划(MSP)
	用海审批	英国苏格兰/丹麦	一站式审批

(二)潮汐能产业方面

国际潮汐能电站总装机容量为 518 MW，包括于 2011 年开始运行的韩国始华湖潮汐电站(254 MW)、1966 年开始运行的法国朗斯潮汐电站(240 MW)、1984 年开始运行的加拿大安纳波利斯潮汐电站(20 MW)、1980 年开始运行的中国江厦潮汐电站(4.1 MW)。国际潮汐能电站年发电量超过 10×10^8 kW·h。

(三)潮流能产业方面

根据《JRC 海洋能现状报告 2016》，国际潮流能电站总装机容量约 30 MW。从事潮流能技术研发的国家中，大多数(约 52%)属于欧盟(图 4.6)。在欧洲，英国的潮流能研发机构最多，其次是荷兰和法国。非欧洲地区，主要的研发国家是美国、加拿大和中国。

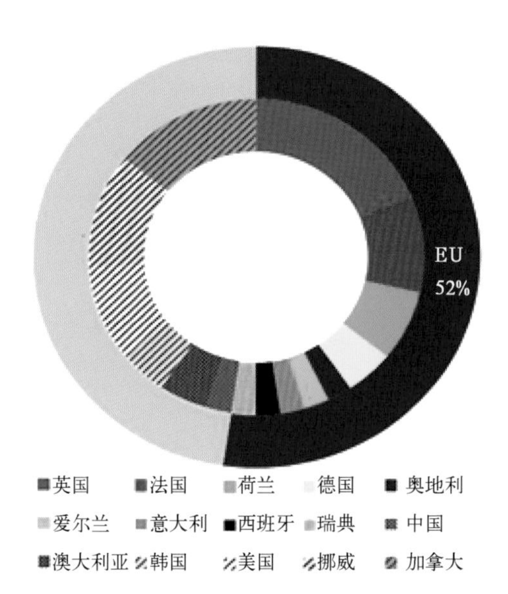

图 4.6　国际潮流能技术研发国家分布统计

(四)波浪能产业方面

根据《JRC 海洋能现状报告 2016》，国际波浪能电站总装机容量约 10 MW。从事波浪能技术研发的国家中，大多数(约 60%)属于欧盟(图 4.7)。在欧洲，英国的波浪能研发机构最多，其次是丹麦。主要的非欧盟国家是美国、澳大利亚和挪威。

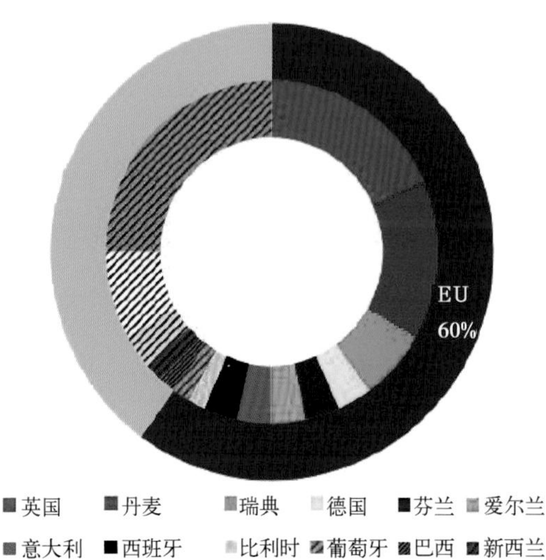

图 4.7　国际波浪能技术研发国家分布统计

（五）海洋能海上试验场方面

海上试验场作为海洋能技术测试与设备性能检验的重要设施，在整个海洋能产业链中具有重要作用，可以提供海洋能样机及装置的安装、运行、维护、回收等专业化服务，经过海上试验场严格的实海况测试与检验，是海洋能发电装置定型及产品化的必经之路。主要海洋能国家都非常重视海洋能海上试验场建设，据 OES 最新年报统计，截至 2018 年年底，全球已建成 34 个海洋能试验场，还有 15 个正在建设或规划中，见表 4.2。

表 4.2　OES 成员海洋能试验场统计（2018 年）

国家	试验场名称	位置	状态
英国	欧洲海洋能源中心（EMEC）	苏格兰奥克尼群岛（Orkney）	运行
	Wave Hub 试验场	英格兰康沃尔郡（Cornwall）	运行
	FaBTest 海洋能试验场	英格兰康沃尔郡（Cornwall）	运行
	META 海洋能试验场	威尔士彭布罗克郡（Pembrokeshire）	在建
	MTDZ 潮流能试验场	威尔士安格尔西岛（Anglesey）	在建
加拿大	芬迪湾海洋能源研究中心（FORCE）	新斯科舍省芬迪湾	运行
	加拿大水轮机测试中心（CHTTC）	马尼托巴省	运行
	（北大西洋大学）波浪能研究中心（WERC）	纽芬兰与拉布拉多省	运行
荷兰	Oosterschelde 海洋能试验场	东斯海尔德（Eastern Scheldt）	运行
	TTC 潮流能试验场	登乌弗（Den Oever）	运行
	BlueTEC 潮流能试验场	特赛尔岛（Texel Island）	运行
	REDStack 盐差能试验场	阿夫鲁戴克大堤（Afsluitdijk）	运行
爱尔兰	SmartBay 海洋能试验场	戈尔韦湾	运行
	大西洋海洋能试验场（AMETS）	梅奥郡贝尔马利特（Belmullet）	在建
美国	美国海军波浪能试验场（WETS）	夏威夷卡内奥赫（Kaneohe）湾	运行
	太平洋海洋能中心北部能源试验场（PMEC NETS）	俄勒冈州纽波特（Newport）	运行

续表

国家	试验场名称	位置	状态
美国	太平洋海洋能中心华盛顿湖试验场(PMEC LW)	华盛顿州西雅图	运行
	太平洋海洋能中心塔纳纳河水动力试验场(PMEC TRHTS)	阿拉斯加州尼纳纳(Nenana)	运行
	珍妮特码头波浪能试验场(JP-WETF)	北卡罗来纳州珍妮特码头(Jennette's Pier)	运行
	美国陆军工程师团河流能试验场(USACE FRF)	北卡罗来纳州 Duck	运行
	(新罕布什尔大学)海洋可再生能源中心(CORE)	新罕布什尔州达勒姆(Durham)	运行
	UMaine Alfond W2 海洋工程实验室(UMaine AW2OEL)	缅因州奥罗诺(Orono)	运行
	UMaine 深海可再生能源试验场(UMaine DOREOTS)	缅因州蒙希根岛(Monhegan Island)	运行
	海洋温差能试验场(OTECTS)	夏威夷凯阿霍莱角(Keahole Point)	运行
	东南国家海洋可再生能源中心(SNMREC)	佛罗里达州博卡拉顿(Boca Raton)	运行
	海洋可再生能源联盟伯恩潮流能测试场(MRECo BTTS)	马萨诸塞州伯恩(Bourne)	运行
	太平洋海洋能中心南部能源试验场(PMEC SETS)	俄勒冈州纽波特(Newport)	在建
葡萄牙	Pilote Zone 海洋能试验场	维亚纳堡(Viana do Castelo)	运行
	阿古萨多拉海上试验场	阿古萨多拉(Aguçadoura)	在建
西班牙	比斯开海洋能试验场(BiMEP)	巴斯克地区	运行
	Mutriku 波浪能电站	巴斯克地区	运行
	PLOCAN 海洋平台	加那利群岛	在建
墨西哥	Port El Sauzal 海洋能试验场	下加利福尼亚州恩塞纳达(Ensenada,Baja California)	在建
	莫雷洛斯港试验站(Station Puerto Morelos)	金塔纳罗奥州莫雷洛斯港(Puerto Morelos,Quintana Roo)	在建

续表

国家	试验场名称	位置	状态
丹麦	丹麦波浪能中心(DanWEC)	汉斯特霍尔姆(Hanstholm)	运行
	丹麦波浪能中心尼苏姆湾试验场(DanWEC NB)	尼苏姆湾(Nissum Bredning)	运行
比利时	奥斯坦德波浪能试验场	奥斯坦德港(Harbour of Ostend)	运行
挪威	伦德环境中心(REC)	伦德岛(Runde Island)	运行
瑞典	Lysekil 波浪能试验场	吕瑟希尔(Lysekil)	运行
	Söderfors 海洋能试验场	Dalälven	运行
法国	SEM-REV 海洋能试验场	Le Croisic	运行
	SEENEOH 潮流能试验场	波尔多市(Bordeaux)	运行
	Paimpol-Bréhat 潮流能试验场	Bréhat	运行
中国	国家浅海海上综合试验场	山东威海	在建
	国家潮流能试验场	浙江舟山	在建
	国家波浪能试验场	广州万山	在建
韩国	韩国波浪能测试和评估中心(K-WETEC)	济州岛(Jeju Island)	运行
	韩国潮流能中心(KTEC)	未定	规划
新加坡	圣淘沙岛潮流能试验场(STTS)	圣淘沙岛(Sentosa Island)	在建

三、欧盟海洋能产业现状

欧盟是国际海洋能产业的领军者，根据《欧盟海洋能战略路线图》统计，全球约50%的潮流能企业和45%的波浪能企业都位于欧洲。

(一)海洋能政策方面

《JRC 海洋能现状报告 2016》统计了英国、法国、爱尔兰等欧盟海洋能国家目前实施的海洋能发电电价激励政策(表 4.3)，主要包括固定上网电价(FiT)、固定补贴(FiP)、可交易义务证、优惠贷款等。

表 4.3　欧盟海洋能国家电价政策统计

国家	激励政策及适用范围
丹麦	包括海洋能在内的可再生能源的最大固定上网电价(FiT)为 0.08 欧元/(kW·h)
法国	可再生能源固定上网电价(FiT)，海洋能为 0.15 欧元/(kW·h)
德国	海洋能固定上网电价(FiT)为 0.035~0.125 欧元/(kW·h)，取决于装机容量
	水力发电、波浪能和潮流能发电固定上网电价(FiT)，最低为 0.076 7 欧元/(kW·h)
爱尔兰	海洋能电价 0.26 欧元/(kW·h)，最大装机容量为 30 MW
意大利	海洋能电价为 0.34 欧元/(kW·h)(2012 年之前装机)
	海洋能电价为 0.3 欧元/(kW·h)(2012 年之后装机，不足 5 MW)
	海洋能电价为 0.194 欧元/(kW·h)(2012 年之后装机，超过 5 MW)
荷兰	海洋能固定补贴(FiP)为 0.15 欧元/(kW·h)(为期 15 年)，在此基础上再加上电力平均市场价格是海洋能电价，2016 年补贴上限预算为 80 亿欧元
英国	可再生能源义务(RO)制，2015—2016 年海洋能发电实行可再生能源义务证(ROC)，2017 年开始实施差额合约制(CfD)，波浪能和潮流能可以竞标 CfD 电价，约为 0.3 英镑/(kW·h)

(二)海洋能公共资金投入方面

英国、法国等国海洋能技术示范投入的公共资金较多(表 4.4)，从数千万欧元到数亿欧元不等。

表 4.4　欧盟海洋能国家公共资金投入统计

国家	资金计划及投入总额
法国	NormandieHydro，5 200 万欧元
	Nepthyd，5 100 万欧元
爱尔兰	SEAI 海洋能样机开发基金，总额不详
	海洋能研发预算增至 2 600 万欧元
葡萄牙	FAI 可再生能源资金，总额 7 600 万欧元
英国	苏格兰可再生能源投资基金(REIF)，1.03 亿英镑
	海洋能阵列示范计划(MEAD)，2 000 万英镑
	能源技术研究所(ETI)，3 200 万英镑用于波浪能与潮流能项目
	苏格兰海洋可再生能源商业化基金(MRCF)，1 800 万英镑
	海洋可再生能源试验基金(MRPF)，2 250 万英镑
	苏格兰“蓝十字”能源挑战基金，对第一个两年内发电量超过 100 GW·h 的项目奖励 1 000 万英镑
	苏格兰波浪能计划(WES)，截至 2016 年年底投入 1 430 万英镑

(三)海洋能产业投资方面

欧洲海洋能产业投资在国际上遥遥领先，根据《欧盟蓝色经济年度报告 2018》统计，2007—2015 年欧洲波浪能和潮流能领域投资高达 26 亿欧元(图 4.8)，其中 75%来自私人部门，预计 2016—2019 年，欧盟海洋能投资总额将超过 32.4 亿欧元。

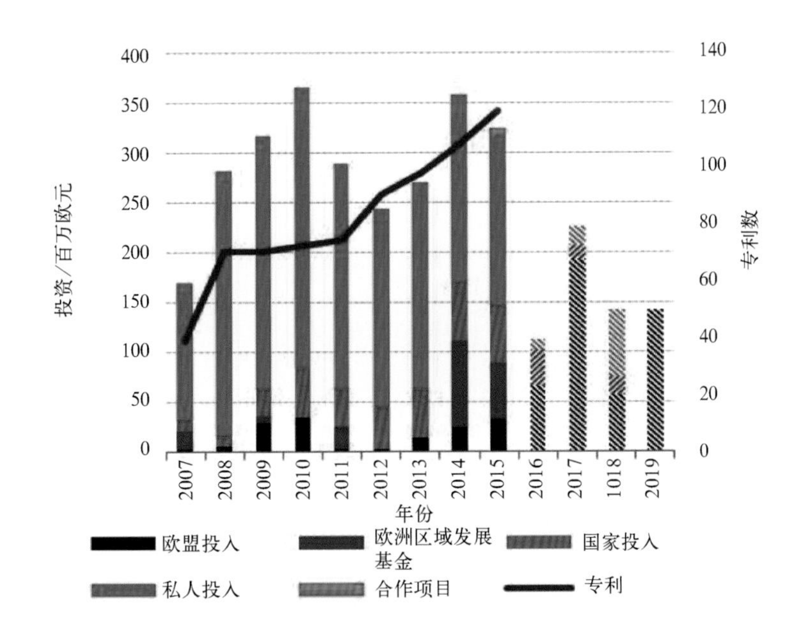

图 4.8　欧盟海洋能年度投资统计及预测(2016—2019 年未预测私人投资)

(四)海洋能就业方面

欧洲海洋能产业正在由培育期向规模化发展，根据《欧盟蓝色经济年度报告 2018》统计，欧洲海洋能产业链约有 320 个机构，创造的海洋能就业岗位约 1 900 个，其中，直接就业岗位 1 350 个，相比 2013 年，这一数字翻了 1 倍。其中，英国的海洋能直接就业岗位超过 300 个，爱尔兰、法国、瑞典、西班牙的海洋能直接就业岗位也都超过 100 个。

四、英国海洋能产业现状

英国海洋能资源丰富，潮流能资源约占欧洲的50%，波浪能资源占欧洲的35%。英国非常重视海洋能产业发展，并将波浪能和潮流能视为新兴蓝色经济的战略重点。

（一）海洋能产业市场前景方面

英国对海洋能产业发展抱有重大期望，根据英国国家海洋可再生能源推进中心（ORE Catapult）2018年6月发布的《潮流能和波浪能发电成本下降带动产业化》（图4.9）预测，到2030年，英国潮流能产业将为其带来27亿英镑总增加值，创造约4 000个工作岗位；到2040年，英国波浪能产业将为其带来64亿英镑总增加值，创造约8 100个工作岗位。到2040年，海洋能技术有望在英国取代煤气发电，每年至少减少 400×10^4 t二氧化碳排放。

图4.9　英国ORE Catapult《潮流能和波浪能发电成本下降带动产业化》报告

(二)海洋能政策方面

2017 年开始，英国可再生能源行业电价政策从可再生能源义务(RO)制转变为差额合约(CfD)制，即采取在协议价格基础上加额外补贴的形式，并通过竞拍方式获得(表 4.5)。在 2019 年 5 月启动的第三轮竞拍中，2023—2024 年布放的波浪能和潮流能发电场的电价协议价格分别高达 281 英镑/(MW·h)和 225 英镑/(MW·h)，远高于其他可再生能源电价。不过在竞拍体系下，海洋能发电要通过与其他可再生能源竞争而最后获得电价补贴的难度比较大。

表 4.5　英国可再生能源行业电价竞拍统计

单位：英镑/(MW·h)

可再生能源技术	2019 年第三轮竞拍初定协议价格		2017 年第二轮竞拍结果	
	2023—2024 年	2024—2025 年	2021—2022 年	2022—2023 年
海上风电	56	53	74.75	57.50
生物质热电联产	121	121	74.75	—
波浪能	281	268	—	—
潮流能	225	217	—	—
地热能	129	127	—	—

(三)海洋能公共资金投入方面

为促进海洋能技术商业化，英国公共资金采取全链条式的支持方式，自 2000 年以来已投入超过 2.5 亿英镑公共资金。在英国工程与自然科学研究理事会(EPSRC)、英国自然环境研究理事会(NERC)、欧洲区域发展基金(ERDF)、苏格兰波浪能计划(WES)等支持下，通过电力能源可持续生产和供给计划(SUPERGEN)支持海洋能基础研究，促进爱丁堡大学、赫瑞-瓦特大学、普利茅斯大学和埃克塞特大学等开展跨机构合作，推进英国海洋能基础研究理论持续创新。在碳信托咨询机构(Carbon Fund)支持下，通过 MRCF 海试基金支持研发机构开展海洋能发电装置海试验证及示范运行。在能源和气候变化部支持下，通过海洋能阵列示范计划(MEAD)支持海洋能电站开发商开展海洋能发电装置阵列化运行。2010—2015 年，苏格兰政府曾设立“蓝十字”能源挑战基金，为首个发电量达到 100 GW·h 的海洋能机构提供 1 000 万英镑。2019 年 2 月，苏格兰政府启动了总额 1 000 万英镑的“蓝十字”潮流能源挑战基金，通过奖励、低息贷款、无偿借款等方式，支持潮流能电站开发商在 2020 年 3 月之前在苏格兰海域布放低成本的商业化潮流能电站，目前已有两家公司获得了数百万英镑的支持。

(四)潮流能产业发展方面

根据《潮流能和波浪能发电成本下降带动产业化》报告统计，英国目前由英国皇家财产局(Crown Estate)已批准开发的潮流能发电场总装机容量超过 1 000 MW，目前已建成 10 MW 并网运行，包括多个多机组阵列。英国海洋能理事会(MEC)2019 年 2 月发布的《英国海洋能产业 2019》报告(图 4.10)预测，到 2025 年，英国将建成 180 MW 潮流能发电场。英国共有 22 个潮流能技术开发商积极开展研发活动。亚特兰蒂斯资源公司(SIMEC Atlantis)在苏格兰彭特兰湾(Pentland Firth)建设的 MeyGen 潮流能发电场一期项目以及 Nova Innovation 公司在苏格兰设得兰群岛(Shetland Islands)建设的潮流能发电阵列都在运行。截至 2019 年 6 月底，MeyGen 潮流能发电场一期项目累计发电量达到 $1\ 700\times10^4$ kW·h，机组可用率高达 90%，其中，2019 年上半年发电量超过 700×10^4kW·h，在之前享受的可再生能源义务(RO)制激励电价支持下，获得 185 万英镑的高电价收入。

(五)波浪能产业发展方面

波浪能技术仍处于发散阶段，在优化设计和适合的最佳平台类型(深远海、近岸、漂浮式或海底安装)方面尚未达成共识，设计的不同导致波浪能发电场的开发速度有所不同。据《潮流能和波浪能发电成本下降带动产业化》报告统计，英国正在运营或处于不同发展阶段的波浪能项目容量为 137 MW，包括 EMEC、WaveHub、META 和 MTDZ 的并网波浪能示范区。目前，英国共有 23 个波浪能技术开发商积极开展研发活动。

图 4.10 《英国海洋能产业 2019》报告

(六)海洋能发电成本方面

据《潮流能和波浪能发电成本下降带动产业化》报告预测，在潮流能发电装置装机容量达到 100 MW 后，其均化发电成本(LCoE)有望下降到 150 英镑/(MW·h)，装机容量达到 2 000 MW 后，LCoE 将降至 80 英镑/(MW·h)。在更多的创新驱动下，潮流能发电成本将进一步降低，其成本将持续降低至海上风电的水平。

(七) 海洋能产业投资方面

据《潮流能和波浪能发电成本下降带动产业化》报告统计，到 2017 年年底，英国海洋能行业已吸引约 5.08 亿英镑的私人资本投资在海洋能领域，超过公共财政资金投入大约 1 倍。《英国海洋能产业 2019》显示，向主要的海洋能企业投资 1 英镑的公共资金，就会拉动 7 英镑的私人投资，从而有助于推动海洋能产业的高水平增长。

(八) 海洋能产业链方面

目前，英国海洋能供应链处于世界领先地位。在 EMEC 和 Wave Hub 试验场发展的基础上，多个海洋能技术开发项目相继完成，许多提供现场开发服务、海上作业服务和定制工程的公司不断建立和发展起来。多个在运行的海洋能发电项目以及海外项目的顺利推进，使得这些公司能够不断提高自身能力。位于奥克尼群岛的 EMEC 已经展现出巨大的产业价值创造潜力，自 2003 年成立以来，EMEC 先后向 18 个国家输出海洋能专业知识和技能，创造的直接就业岗位达到 250 个，为英国创造了约 2.5 亿英镑经济价值。根据《英国海洋能产业 2019》统计，目前在 EMEC、MeyGen 发电场周边区域，正在形成数个海洋能供应链集群，包括奥克尼群岛和苏格兰高地、英格兰西南部、索伦特/怀特岛、西威尔士和北威尔士以及北爱尔兰。

第五章　OES 2018 年进展综述

2018 年，OES 通过 10 个在研的合作研究项目，持续高效开展了国际海洋能技术交流合作与联合研究工作。

第一节　OES 成员 2018 年度进展概况

澳大利亚　2018 年，澳大利亚创建了新的海洋能源研究及创新中心——波浪能研究中心（Wave Energy Research Center，WERC）。澳大利亚海洋能源行业组织（AOEG）于 2019 年年初正式成立，该组织的成立进一步推动了海洋能源产业的持续发展。澳大利亚可再生能源署（ARENA）委托制定了一份新海洋可再生能源政策文件，该文件展示了该国海洋能源中长期发展前景，并将影响澳大利亚未来海洋能发展。通过澳大利亚波浪能图集对全国波浪能资源进行评估，下一步准备进行国家潮流能资源评估。MAKO 潮流能涡轮机装置在澳大利亚东部格拉德斯通（Gladstone）港口成功测试，该公司正在东南亚同步进行示范项目。

比利时　比利时西部沿海省份西佛兰德斯（West Flanders）正在推动发展“蓝色经济”的若干举措，包括海洋能源产业。弗兰德创新创业局（VLAIO）一直在支持新的“海上能源创新商业网络”，并在 2018 年成立了一个“蓝色集群”，针对活跃于“蓝色经济”领域的大公司和中小企业，包括海洋能源领域。Laminaria 波浪能公司正研发一个装机容量为 200 kW 的波浪能样机，将于 2019 年在 EMEC 进行测试。

加拿大 2018 年，加拿大新斯科舍省(Nova Scotia)《海洋可再生能源法案》进入立法阶段。2018 年，加拿大启动了若干资助计划，以支持加拿大的清洁能源技术。Cape Sharp 潮流能公司在 FORCE 潮流能试验场成功布放了 Open Hydro 涡轮机，并进行了第三次测试。黑石潮流能公司[更名为加拿大可持续海洋能源公司(SMEC)]在 Grand Passage 成功布放了英国的浮式潮流能平台，用于研究及环境监测。2018 年，加拿大发布了一份《行业状况报告》，重点介绍了加拿大和全球海洋能源的机遇、挑战和发展思路。

丹麦 Exowave、WavePiston、Waveplane、WaveStar、WEPTOS、浮式波浪能电站(FPP)公司、Leancon 公司、Crestwing 公司、KNSwing 波浪能发电装置研发公司、浪龙(WD)公司和 Resen 波浪能公司等 11 个研发机构活跃在波浪能发电领域。

欧盟 2018 年 3 月，欧洲战略能源技术规划(SET-Plan)中的海洋能源实施计划获得了批准，制订了未来几年海洋能技术、财务和环境方面的行动计划，支持海洋能源技术的发展，以实现商业化及降低成本。2018 年 7 月，发布了《欧盟蓝色经济年度报告 2018》，提出了包括海洋能在内的新兴产业对蓝色经济的贡献和未来发展的机遇及挑战。2007—2018 年，欧盟支持各种海洋能源项目的总投入为 8.64 亿欧元。进行了“海洋能源市场调研”及金融需求评估，为《海洋能源技术投资支持及保险基金设计思路》提供支持。欧盟联合研究中心(JRC)正在编制与能源供应相关的未来新兴技术清单，对海洋能源创新类型进行分析，以弥合与市场的差距。“Horizon 2020”(H2020)框架计划自 2014 年成立以来，已为 44 个不同的项目提供了超过 1.65 亿欧元的海洋能源研发资金，正在资助 17 个海洋能源研发项目。Marinet 2、Marinerg-I 和 FORESEA 三个正在进行的项目得到欧洲区域发展基金(ERDF)的支持，促进在欧洲范围内实现海洋能测试基础设施的共享。

法国 2018 年在 SEM－REV 海洋能试验场、SEENEOH 潮流能试验场、Brest－Sainte Anne、Paimpol－Bréhat 潮流能试验场等多个试验场开展了样机测试。SABELLA 公司的 D10 涡轮机于 2018 年 10 月重新安装在弗鲁夫(Fromveur)海峡，并入海岛微网进行 3 年的测试，并将于 2020 年在此布放两台潮流能涡轮机，完成海岛多能互补电站建设。

德国 目前约有 15 个研发机构和院校参与了波浪能、潮流能与盐差能发电的研发工作。由 SCHOTTEL HYDRO 公司牵头的"Tidal Power"联合项目于 2018 年结束，提供了额定功率为 2.5 MW 的半潜式大型平台，由 40 台涡轮机组构成。SME 公司的"PLAT－Ⅰ"漂浮式平台安装了 SCHOTTEL HYDRO 公司的 4 台潮流能涡轮机，额定功率为 280 kW，正在加拿大芬迪湾进行测试。SCHOTTEL HYDRO 公司还为瑞典 Minesto 公司提供了一台 500 kW 的动力输出系统。SINN 公司于 2018 年 7 月向位于希腊伊拉克利翁(Heraklion)港的测试场提供了两个波浪能装置。

印度 2018 年，印度政府批准在卡瓦拉蒂(Kavaratti)岛建造新的海洋温差能海水淡化装置。安装在钦奈卡玛拉吉(Kamarajar)港口的振荡水柱式波浪能动力导航浮标已连续运行数月，正在建造另外两个波浪能动力导航浮标。

爱尔兰 2018 年完成了对海上可再生能源发展规划(OREDP)的审查，明确爱尔兰境内的所有相关机构及政府部门仍致力于支持海上可再生能源发展。通信、气候行动和环境部(DCCAE)就爱尔兰新的可再生能源电力支持计划(RESS)发布了公众咨询，预计第一次竞拍于 2019 年开始。2018 年，戈尔韦湾试验场获得了新的 35 年租约，在 2018 年 7 月重新投入使用。2018 年，测试了两个小型装置，一个是由西班牙 Zunibal 公司开发的 Anteia 波浪能装置；另一个是爱尔兰海洋研究所（Marine Institute）研制的 eForcis 小型波浪能发电装置。海洋能源公司的 500 kW OE 浮标在美国俄勒冈州完成建设，将于 2019 年运往夏威夷，在美国海军波浪能试验场进行测试，该装置样机前期在戈尔韦湾试验场累计完成了 24 000 h 海上测试。2018 年 7 月，Naval Energies 公司在加拿大成功布放了 2 MW 潮流能装置，但 OpenHydro 潮流能涡轮机现已停止生产。

意大利 SeaPower Scrl 公司正在测试 PIVOT 波浪能系统，近期将在奇维塔韦基亚（Civitavecchia）港口的防波堤上安装全比例样机。EWAVE 100 双气室振荡水柱式波浪能装置设计用于防波堤，在汉诺威大学大型波浪水槽完成 1/2 比例样机测试。

墨西哥 墨西哥海洋能源创新中心（CEMIE-Océano）致力于海洋能资源评估、测试等研究，完成了潮流能和海流能资源数值模拟评估，确定了加利福尼亚湾北部和墨西哥加勒比海北部以及太平洋（Baja California，下加利福尼亚州）的其他潜在的资源丰富区域，对 RED 原理的盐差能膜技术也有深入研究。2018 年 9 月，配有 Wells 涡轮机的小型波浪能样机在阿卡普尔科湾（Acapulco Bay）开始运行。

韩国 韩国长期支持开发潮流能试验场和波浪能试验场。位于济州岛西部的波浪能并网试验场计划于 2019 年完工，由韩国船舶与海洋工程研究所（KRISO）管理，总装机 5 MW，其中 1 个泊位将测试现有的 Yongsoo 波浪能装置，其他 4 个泊位分别在浅水和深水中。2018 年，KRISO 开发的 300 kW 漂浮摆式波浪能发电装置（FPWEC）已经连接至波浪能试验场的一个泊位，水深 40 m。KRISO 计划 2019 年在韩国东海岸的驳船上布放一个 1 MW 海洋温差能转换（Ocean Thermal Energy Conversion，OTEC）示范装置。2018 年，韩国海洋科学技术研究院（KIOST）建造了一台 200 kW 潮流能机组。

荷兰　2018年，SeaQurrent公司在水槽中速模式下对"潮流风筝"技术进行验证，并计划在荷兰北部的瓦登海(Wadden Sea)开展第一个商业示范项目。在对阿夫鲁戴克大堤盐差能示范电站进行测试之后，REDStack公司将要在卡特韦克(Katwijk)建立一个盐差能示范电站。Tocardo公司已经在东斯海尔德(Eastern Scheldt)测试了其1.25 MW潮流能电站，正在计划一个2 MW阵列，由5台涡轮机组成。

新西兰　2018年，新西兰EHL公司与美国的西北能源创新(NWEI)公司合作，在美国海军波浪能试验场对改进后的Azura波浪能装置进行了第二次测试。

挪威　位于挪威西海岸伦德岛(Runde Island)的伦德环境中心(REC)，作为波浪能试验场，2018年完成了3 km长的海底电缆铺设，瑞典Waves4Power公司正在伦德环境中心对其100 kW波浪能装置进行长期并网测试。Fred Olsen在美国海军波浪能试验场进行了第二轮测试，使用BOLT Lifesaver波浪能装置为海洋传感器供电。Ocean Power公司的300 kW潮流能装置将布放在Lofoten。

葡萄牙　亚速尔群岛的Pico Wave发电站经过10年的运行测试，于2018年4月停止使用。葡萄牙IST公司设计的新型双向自复式空气涡轮机在西班牙Mutriku波浪能电站进行了测试，并在西班牙BiMEP对波浪能样机进行了测试。

新加坡　南洋理工大学能源研究所(ERI@ N)与澳大利亚MAKO潮流能涡轮机公司正在圣淘沙岛潮流能试验场开展示范项目。

西班牙　巴斯克能源局(EVE)于2018年发起了一项新的"新兴海洋可再生能源技术示范和验证"计划。Mutriku波浪能电站自2011年以来发电量约177×10^4 kW·h。2018年，Mutriku波浪能电站完成了双径向涡轮机测试。加利西亚Magallanes Renovables公司在EMEC对其2 MW浮式潮流能平台进行了测试。

瑞典 Minesto公司开发的Deep Green低流速潮流能机组，一台500 kW示范装置于2018年在威尔士深海被成功布放。CorPower公司在EMEC完成了1/2比例波浪能装置示范。2018年，瑞典能源署(SEA)启动了新一阶段国家海洋能源计划，于2018—2024年实施，总预算约为1 020万欧元。

英国 英国已投入5.08亿英镑的私人资金用于海洋能源技术开发，公共投资约3亿英镑。苏格兰政府持续为波浪能计划提供资金。威尔士海洋中心于2018年成立，随后投入280万英镑支持技术创新。北爱尔兰海洋可再生能源行业协会(MRIA)于2018年年底发布了《关于海洋可再生能源新兴技术海洋空间规划需求的讨论文件》，以支持海洋规划的制定。MeyGen阵列到2018年12月，累计发电量超过$1\ 000\times10^4$ kW·h。Nova Innovation公司0.3 MW潮流能阵列继续运行。Orbital海洋能公司继续在EMEC测试其SR1-2000型2 MW双转子漂浮式潮流能涡轮机，在一年测试期间实现发电300×10^4 kW·h。芬兰Wello Oy公司的“企鹅”号在EMEC成功运行一年。澳大利亚Bombora Wavepower公司获得了1 030万英镑补助，用于在彭布罗克郡测试1.5 MW样机。

美国 美国能源部(DOE)水能技术办公室(WPTO)自2013年起支持海洋能的资金保持上升趋势，2018年预算为1.05亿美元，相比2017年增长25%，创历史最高。美国海军设施工程司令部(NAVFAC)计划资助并管理夏威夷的美国海军波浪能试验场(WETS)，预算为3 500万美元，用于支持替代能源和可再生能源研发。海洋能源美国公司开发的1 MW OE浮标已在俄勒冈州建造完成，计划在夏威夷的美国海军波浪能试验场进行测试。挪威Fred Olsen公司的BOLT Lifesaver波浪能装置也重新部署在美国海军波浪能试验场。美国海洋电力技术公司(OPT)与Premier Oil石油和天然气公司签订合约，为其提供一套

PowerBuoy 点吸收式波浪能发电装置，计划于 2019 年夏季布放。哥伦比亚电力技术公司(CPT)在美国能源部的国家可再生能源实验室(NREL)完成了其新型直驱式动力输出装置(PTO)的测试，将于 2019 年在美国海军波浪能试验场进行示范。Verdant Power 公司正在优化设计第五代潮流能系统。

第二节　OES 主要成员 2018 年海洋能进展

一、英国海洋能年度进展

2018 年，英国有数台固定式和漂浮式潮流能发电装置实现长时间运行，累计发电量增长较快。波浪能技术也取得一些进展，开展了多个大比例样机的实验室和海上测试，持续创新及改进。2018 年，新的海洋能委员会成立。苏格兰波浪能计划仍是英国波浪能研发活动的核心，为波浪能创新和示范提供资金。波浪能技术子系统研发流程正逐步走向成熟，2018 年，Marine Power Systems 公司、CorPower 公司和 Wello Oy 公司在英国海域成功布放和测试了他们的装置。潮流能项目示范和可靠性方面取得重大进展，亚特兰蒂斯资源公司的 MeyGen 项目累计发电量超过 $1\ 000\times10^4$ kW·h；Nova Innovation 阵列继续运行，能够为当地电网持续供电；Orbital 海洋能公司开展了漂浮式 SR1-2000 装置长期运行，年发电量达到 300×10^4 kW·h。2017 年威尔士政府同意建设的 320 MW 斯旺西海湾新型潮汐潟湖电站项目在 2018 年被认为项目收益低，成本远高于其他低碳能源，因而未通过英国内阁审批，开发商正在寻找其他融资模式。

(一)海洋能政策

英国商业、能源和产业战略部(BEIS)全面负责英国的能源政策。

2018年10月，BEIS发布了清洁增长战略的最新进展，明确可再生能源(包括海洋能)的主要电价支持政策采用差额合约制(CfD)，并由BEIS管理。截至2018年年底，英国已投入约5.08亿英镑的私人资金用于海洋能技术的开发，约3亿英镑公共财政资金用于更广泛的公众支持，包括学术界和测试中心。从欧盟第七框架计划(FP7)和H2020计划累计获得超过6 000万欧元的资金，远远超过排名第二的国家。英国海洋能活动得到了一系列积极的研发和产业政策支持，目前来看，迫切需要专门的海洋能电价支持政策来促进海洋能的产业化发展，而不是短期内与其他可再生能源去竞争获得激励电价。英国政府继续通过差额合约制(CfD)为各种可再生能源技术提供电价支持，将有5.57亿英镑用于2020年的CfD拍卖，2018年没有举行CfD拍卖，2019年5月进行了第三轮竞拍。目前，对2023—2024年布放的海洋能项目，波浪能发电的电价协议价格为281英镑/(MW·h)，潮流能发电的电价协议价格为225英镑/(MW·h)。

(二)技术研发项目

未来潮流阵列(EnFait)项目投入2 020万欧元，由欧盟H2020计划支持，于2017年7月启动，持续至2022年6月。该项目由苏格兰潮流能开发商Nova Innovation公司牵头，将在Nova现有的潮流能阵列基础上，继续布放3台潮流能机组，使总装机容量增加到600 kW，并实现阵列的高可靠性和可用性。2018年，完成了设计和规划，即将进入机组建造和布放。详见https://www.enfait.eu。

北海海洋能防腐技术创新(NeSSIE)项目，由欧盟资助，致力于海洋能领域跨行业防腐技术研究和转化，并在北海示范。项目为期两年，于2019年4月结束，现已制定海洋能行业防腐解决方案路线图，并选择三个示范项目开展。详见http://www.nessieproject.com。

潮流能涡轮机动力输出加速(TIPA)项目，在欧盟H2020计划支持下，开展潮流能涡轮机新型直驱式动力输出装置（PTO）技术创新及测试，以实现潮流能发电机组的全生命周期成本降低20%的目标。项目将于2019年年底到期，由Nova Innovation公司牵头。2018年夏季，在亚琛工业大学成功完成了PTO的陆上加速测试，并于2019年春季开展海试。详见http://www.tipa-h2020.eu。

2018年，苏格兰波浪能计划向13个波浪能研发项目拨款1 250万英镑，继续在苏格兰海域支持开展波浪能子系统集成和全功能波浪能发电装置样机布放。2018年，划拨给EMEC的资金主要用于以下几个方面：770万英镑用于两个1/2比例波浪能发电装置研制；250万英镑用于动力输出装置开发；140万英镑用于3个材料项目等。2015年以来，苏格兰波浪能计划共资助了86个项目。详见http://www.waveenergyscotland.co.uk。

战略性欧洲行动计划海洋可再生能源基金（FORESEA）项目允许海洋能研发机构免费进入欧洲海洋能测试中心网，包括英国EMEC、爱尔兰SmartBay、法国SEM-REV和荷兰海洋能中心TTC。FORESEA获欧盟645万欧元支持。FORESEA将在2019年支持开展第五次实海况测试。详见http://www.nweurope.eu/projects/project-search/funding-ocean-renewable-energy-through-strategiceuropean-action。

（三）示范运行项目

MeyGen潮流能发电场由亚特兰蒂斯资源公司运营，位于苏格兰彭特兰湾（图5.1）。截至2018年年底，MeyGen累计并网发电量超过1 000×10^4 kW·h。

Nova Innovation公司获得了苏格兰皇家财产局的项目扩大用海审批，最大可装机2 MW。2018年10月，Nova Innovation公司在设得兰群岛建设的潮流能阵列中安装了特斯拉电池储能系统，创建了世界上第一座潮流能基荷电站（图5.2）。

图 5.1 MeyGen 潮流能发电场机组重新布放

图 5.2 M100 型潮流能机组布放

Orbital 海洋能公司继续开展其 SR1-2000 型双转子漂浮式潮流能涡轮机的现场测试，装机容量为 2 MW。在连续运行的 12 个月内，发电量超过 300×10^4 kW·h(图 5.3)。

图 5.3　SR1-2000 型机组在 EMEC 测试

英国斯旺西 Marine Power Systems(MPS)公司在彭布罗克港(Pembroke Dock)建造了 10 kW WaveSub 装置，目前正在 FaBTest 试验场进行测试。总投资 550 万英镑，其中 350 万英镑由威尔士政府拨款支持。

(四)海洋能海上试验场

EMEC 成立于 2003 年，总部位于苏格兰奥克尼群岛，拥有 13 个开放海域并网测试泊位和 2 个比例样机测试泊位，获得英国皇家认可委员会(UKAS)认可。EMEC 可提供多种测试条件，水深范围为 1~51 m，有效波高为 2~3 m。

Wave Hub 试验场，距离康沃尔海岸约 10 n mile，用于测试大型海上可再生能源发电装置。该试验场建有 4 个测试泊位，由 BEIS 所有，Wave Hub Limited 公司运营。

FaBTest 试验场位于康沃尔郡法尔茅斯湾，面积 2.8 km^2。由于其位于海湾，属于相对遮蔽的位置，所以可为较小比例的概念设备和组件提供测试。

META 海洋能试验场，由威尔士海洋能公司在彭布罗克郡新建，该场区将包含各种具有许可和并网的泊位，有助于开展组件、子组件和单个设备阶段的测试。EMEC 和 Wave Hub 试验场将为该试验场的开发提供战略性建议。

MTDZ 潮流能试验场，位于安格尔西岛，面积 37 km^2，可用于海洋能发电装置测试、示范及商业化运行。总投入 3 300 万英镑，最近得到欧盟和威尔士政府 450 万英镑资金支持。

二、美国海洋能年度进展

美国能源部水能技术办公室(WPTO)致力于推动海洋能发展成为重要的可再生能源，为国家电网提供低成本、高灵活度的电力。WPTO、美国国家科学基金会(NSF)和美国海军研究办公室(ONR)，都是资助海洋能技术研究的主要组织。

(一)海洋能政策

由于海洋能处于发展的初级阶段，投资激励机制有限，因此，WPTO 在加快海洋能技术创新发展方面发挥着明显作用。WPTO 通过提供资金和技术援助，支持关键技术创新，降低风险，并协助私营部门，以建立强大的美国海洋可再生能源产业。自 2013 财年以来，WPTO 的财政投入一直保持上升趋势，2018 财年预算为 1.05 亿美元，比 2017 财年增长 25%，达到历史最高水平(图 5.4)。2018 财年，美国国会通过的《国防拨款法案》为美国海军提供了 3 500 万美元，用于支持替代能源和可再生能源的研发，其中，700 万美元专门用于海洋和水动力(MHK)能源研究。

海洋能市场激励措施主要是清洁可再生能源债券(CREB)制，这一政策属于税收抵免，用于政府机构、公共电力供应商或合作电力公司在合格的可再生能源设施方面的资本支出，包括海洋可再生能源。债券持有人可获得联邦税收抵免以代替一部分债券利息，从而降低了借款人的有效利率。

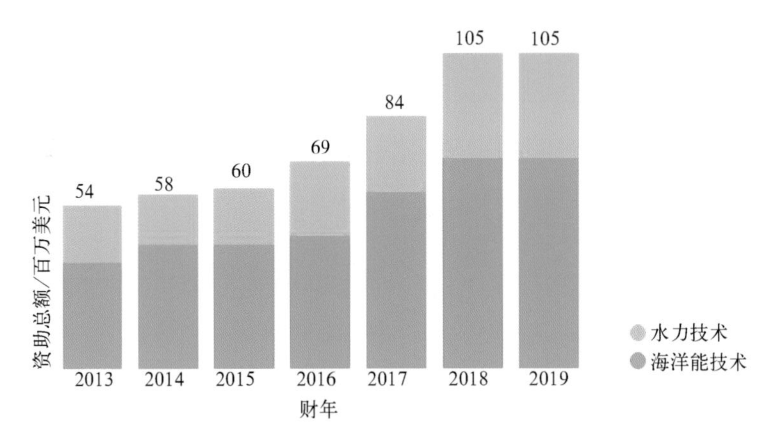

图 5.4　WPTO 海洋能年度投入统计

(二)技术研发项目

众多大学、私营公司、组织、非营利组织和国家实验室积极参与海洋可再生能源研究，这些机构共有约 40 个海洋能研究用测试设施。为了促进海洋可再生能源技术的研究、教育和推广，WPTO 与五所大学合作，共同运营着三个国家海洋可再生能源中心(NMREC)，包括夏威夷大学夏威夷自然能源研究所运营的夏威夷国家海洋可再生能源中心(HINMREC)、佛罗里达大西洋大学运营的东南国家海洋可再生能源中心(SNMREC)、西北国家海洋可再生能源中心(NNMREC)以及华盛顿大学、俄勒冈州立大学和阿拉斯加费尔班克斯大学建立的太平洋海洋能中心(PMEC)。

美国能源部下设的国家实验室拥有独特的仪器和设施，能够利用其研究专长和将基础科学转化为创新的方法，来应对大比例海洋能装置技术研发挑战，包括开展先进控制、海洋可再生能源环境影响模拟、先进涂层材料、资源特性研究的桑迪亚国家实验室(SNL)，开展能源并网、资源特性研究、系统和组件全面验证测试的国家可再生能源实验室(NREL)，开展环境影响、资源特性建模、先进材料和制造研究的西北太平洋国家实验室(PNNL)，开展环境影响、先进涂层材料、制造设计和资源评估研究的橡树岭国家实验室(ORNL)。

Fred Olsen 公司研制的 BOLT Lifesaver 点吸收波浪能发电装置，有多个动力输出装置，每个额定功率 10 kW，2018 年 10 月重新布放，并在海上为海洋监测系统提供电力，截至 2018 年年底，海上运行 96 天，累计发电量 6 800 kW·h。

新罕布什尔大学牵头开展的 Living Bridge 项目，通过在纪念大桥(Memorial Bridge)的结构中安装结构健康监测和环境传感器，将纪念大桥改造成一座示范性的“智能桥”。为了给这些传感器供电，并为桥上提供电力供应，在桥下安装了一台由新罕布什尔大学海洋可再生能源中心设计和建造的 25 kW 垂直轴式潮流能机组，自 2018 年 6 月开始运行，将持续运行一年。

(三)示范运行项目

海洋能源美国公司在俄勒冈州建造一个 1 MW OE 浮标，采用振荡水柱式工作原理，计划于 2019 年在夏威夷的美国海军波浪能试验场进行测试，为模型验证、可靠性和降低成本提供有用的性能数据(图 5.5)。

图 5.5　OE 浮标比例样机海试

哥伦比亚电力技术公司(CPT)在美国能源部国家可再生能源实验室完成了新型直驱式动力输出装置(PTO)测试，包括一个直径6.5 m、气隙4 mm的500 kW永磁发电机，目前在开展PTO改进工作，将用于2019年下半年在美国海军波浪能试验场启动的示范项目。2019年年初开始制造StingRAY H2 WEC装置。

西北能源创新(NWEI)公司的Azura多点吸收式波浪能发电装置，可从波浪的垂荡和纵荡运动中俘获能量。从2015年6月开始，在美国海军波浪能试验场的30 m深泊位上测试了一个1/2比例样机，可用性高达98%，测试持续19个月。2018年2月，NWEI公司在美国海军波浪能试验场重新布放了全比例发电装置(图5.6)，并计划在2020年或2021年再次布放。

图5.6　Azura全比例发电装置海试

Verdant Power公司的第五代动力水力发电系统(Gen5 KHPS)是一种水平轴式潮流能系统。正在优化涡轮机间距和结构要求，从而降低安装、运行、维护和回收成本。2020年将开展示范。

美国海洋电力技术(OPT)公司将向 Premier Oil 石油和天然气公司提供一套 PowerBuoy 点吸收式波浪能发电装置(图 5.7)，布放在北海中部的油气田，计划在 2019 年夏季布放该系统。

图 5.7　PowerBuoy 点吸收式波浪能发电装置海上运行

三、欧盟海洋能年度进展

2018 年 3 月，欧洲战略能源技术规划(SET-Plan)中的海洋能源实施计划获得批准，制订了未来几年在海洋能技术、财务和环境方面的行动计划，以支持海洋能技术向商业化发展，并实现 2016 年确定的降低海洋能发电成本的目标。根据该计划，欧盟评估了海洋能技术的资金需求并为其提供可选择的投资支持和保险基金的设计方案。欧盟与成员国密切合作，增加对海洋能开发的支持，并鼓励各国将海洋可再生能源发展纳入正在制定的 2030 年国家能源和气候规划中。欧盟将持续通过 H2020 计划和欧洲区域发展基金等支持海洋能开发利用。

（一）海洋能政策

SET-Plan 海洋能实施计划提出，潮流能发电成本到 2025 年下降至 0.15 欧元/(kW·h)，到 2030 年下降至 0.1 欧元/(kW·h)；波浪能发电成本到 2025 年下降至 0.2 欧元/(kW·h)，到 2030 年下降至 0.15 欧元/(kW·h)。为实现这一目标，综合考虑企业、国家和欧盟资金的贡献，预计总计需要 12 亿欧元的投入，欧盟将通过 H2020 计划等提供 1/3 的资金支持。目前，欧盟正在审议一项"欧盟海岛清洁能源"政策提案，通过应用最新的可再生能源技术帮助海岛实现可持续低成本电力自主生产。

从实施 FP5、FP6、FP7 到 H2020 计划以来，欧盟在可再生能源领域共投入技术创新研发资金约 36 亿欧元，其中海洋能领域投入达 2.16 亿欧元，占总投入的 6%。统计表明，对海洋能的投入呈现快速增长态势，从资金占比看，FP5 期间，海洋能资金占比仅为 0.8%，到 H2020 计划(截至 2018 年 3 月)，这一比例迅速增长至 12.6%。

（二）技术研发项目

H2020 计划在 2014—2018 年间，共为 44 个海洋能项目提供了超过 1.65 亿欧元资金支持。2018 年资助项目主要集中在潮流能示范、波浪能发电动力输出装置(PTO)和阵列设计。H2020 计划资助的在研海洋能项目见表 5.1。

表 5.1　H2020 计划支持的在研海洋能项目

支持年度	项目	开发商	研究重点
2018	RealTide	Sabella，EnerOcean	识别海上潮流能涡轮机故障，改进叶片和 PTO 等关键部件设计
2018	IMAGINE		开发新的电动机械发电机

续表

支持年度	项目	开发商	研究重点
2018	MegaRoller	AW Energy	为波浪能发电装置开发下一代 PTO 并进行示范
2018	Sea-titan	Wedge，Corpower	直驱 PTO 设计、加工、测试和验证，可与多种类型波浪能装置一起使用
2018	DTOceanPlus	Corpower，EDF，NavalEnergies，Nova Innovation	开发海洋能技术第二代开放资源设计工具并进行示范，包括子系统、能量捕获装置和阵列
2017	Ocean_ 2G	Magallanes	开发 2 MW 漂浮式潮流能平台
2017	EnFait	Nova Innovation	旨在扩大位于设得兰群岛现有的 300 kW 潮流能阵列，将其装机功率扩大到 600~700 kW
2017	OCCTIC	OpenHydro	通过提高涡轮机系统设计来改进系统性能、效率和可靠性
2016	FLOTEC	Orbintal 海洋能公司	2 MW 漂浮式潮流能发电装置示范，发电成本降到 200 欧元/(kW·h)
2016	TAOIDE	ORP	开发湿插拔发电机并降低成本
2016	TIPA	Nova Innovation	优化 PTO，降低 20%成本
2016	WaveBoost	CorPower	改进下一代 CorPower 装置的 PTO
2016	MUSES	N/A	根据海洋空间规划(MSP)国际质量标准和欧盟指令对现有的规划和审批程序进行审核
2016	OPERA	OceanTEC	收集并分享漂浮式振荡水柱波浪能发电装置海上两年运行数据
2016	PowerKite	Minesto	提高 Minesto 潮流能发电装置-系泊涡轮机的可靠性
2015	CEFOW	Wello	2017—2019 年分别安装 3 台“企鹅”号(Penguin)波浪能装置，组成阵列
2015	WETFEET	OWCSymphony	研究波浪能组件的可靠性、生存性和高成本问题

NER300 计划是欧洲首个支持产业规模的可再生能源项目的主要

市场激励计划。2013 年和 2014 年，有 5 个海洋能项目通过 NER300 计划获得了资金支持。2017—2018 年无新的海洋能项目。目前仍在进行的海洋能项目见表 5. 2。

表 5. 2　NER300 计划支持的在研海洋能项目

国家	技术	项目	资助资金/(万欧元)	现状
英国	潮流能	艾莱海峡(Sound of Islay)项目	2 065	正在进行中
英国	潮流能	Stroma(MeyGen 1B)	1 677	等待最终投资决定，将安装新开发的 2 MW 涡轮机
法国	温差能	Nemo	7 200	等待最终投资决定，预计在 2020 年进行安装
葡萄牙	波浪能	Swell	910	获得许可和批准，预计将在 2019 年和 2020 年的夏季进行安装
爱尔兰	波浪能	WestWave	2 320	正进行技术转化，取决于波浪能技术发展现状

四、法国海洋能年度进展

2018 年，为了加速海上风电开发，法国对所有海上可再生能源采用了新的法律法规，监管制度得到了明显简化，但出于经济考虑，几个海洋能试运行项目已被取消或推迟。2018 年在法国海域进行测试的海洋能样机比往年要多，部分原因是因为目前法国拥有四个并网试验场，并且韦桑岛(Ushant)潮流能试验场也在建设中。

(一)海洋能政策

法国已经为 2 个潮流能发电示范项目提供了部分支持，给予这些项目固定上网电价[173 欧元/(kW·h)]支持，并获得部分资金资助和可偿还贷款等优惠，但目前这两个项目由于机组技术问题都处于搁置状态。根据欧盟关于竞争的规定，对 Raz Blanchard 和弗鲁夫

(Fromveur)海峡这两个潮流能资源富集区域要进行商用规模的招标，但目前潮流能发电成本过高，无法进行这样的招标。

截至 2018 年，海洋能项目财政总投入超过 8 800 万欧元，包括 6 个已完成或正在进行的大型项目。预计 2019 年将开展新的项目，2019 年对海洋能的总体支持力度将取决于批准的项目数量。

法国两个竞争性的海洋产业集群，PôleMerBretagne-Atlantique 和 PôleMerMéditerranée，在其发展路线图中都涉及海洋可再生能源。一旦海洋能项目实现预期的示范效果，通过海洋产业集群就可以迅速实现市场化。

(二)示范运行项目

位于波尔多市的 SEENEOH 潮流能试验场于 2018 年 3 月正式启用，装机容量为 80 kW 的 1/4 比例 HydroQuest 潮流能涡轮机，是该试验场并网的第一台示范装置，之前在该海域完成了 18 个月的测试。该试验场第二个用户是 DesignPro 的第二代漂浮式垂直轴涡轮机(图 5.8)，仅需 3 小时的海上操作即完成装置安装。

图 5.8　DesignPro 漂浮式潮流能机组海试

SABELLA 公司的 D10 潮流能机组于 2018 年 10 月重新安装在弗鲁夫(Fromveur)海峡开展为期 3 年的示范运行(图 5.9)，该机组直径 10 m，将并网至韦桑岛。

图 5.9　SABELLA D10 潮流能机组重新布放

五、韩国海洋能年度进展

韩国海洋水产部(MOF)制订了海洋能系统商业化计划，新的国家可再生能源政策提出，到 2030 年 20% 的电力要来自于可再生能源。为了支持该计划，韩国支持开展了许多海洋能研发项目。2018 年，300 kW 漂浮摆式波浪能发电装置实现并网，并将进一步测试；完成了一台 200 kW 潮流能发电装置的陆上制造和测试；正在设计开发两个海洋能海上试验场，包括韩国波浪能测试和评估中心(K-WETEC)和韩国潮流能中心(KTEC)。

(一)海洋能政策

韩国 2030 年海洋能发展计划提出，扩大海洋能源研发和建立开放海域海上试验场，建设大型海洋能发电场，进入全球市场及扩大国内供应，建立海洋能认证体系和配套政策四个关键行动。

2012 年，韩国实施了可再生能源配额制(RPS)，可再生能源证书(REC)交易制是对可再生能源配额制政策的补充。目前，潮流能发电的可再生能源证书值为 2.0，波浪能和海洋温差能发电的可再生能源证书值尚未确定。

韩国海洋水产部为包括示范项目在内的海洋能研发项目提供公共

资金，2018 年投入 1 330 万美元用于海洋能系统开发。2019 年，海洋能研发项目的年度预算计划达到 1 620 万美元。

（二）技术研发项目

K-WETEC 试验场位于济州岛西部海域，利用现有的 Yongsoo 振荡水柱式波浪能装置作为第一个测试泊位，同时也作为海上试验场的海上变电站，由 KRISO 负责开发该项目，总预算约为 1 730 万美元。试验场另有四个泊位，两个位于浅水区，水深 15 m，两个位于深水区，水深 40~60 m，都已连接到海上变电站和电网系统，总装机容量为 5 MW。2018 年，完成了海上电缆的安装，漂浮摆式波浪能发电装置（FPWEC）连接到第四个泊位，该泊位装机容量为 300 kW，如图 5.10 所示。

图 5.10　K-WETEC 波浪能试验场完成海缆铺设

KTEC 试验场位于朝鲜半岛西南水域，由 KIOST 负责，包含 5 个测试泊位，并网装机容量为 4.5 MW，还将建造用于潮流能发电装置部件测试的陆上性能测试设施。KTEC 试验场附近有 Uldolmok 潮流能试验电站（TCPP），500 kW 以下的中小型潮流能发电装置将使用 Uldolmok TCPP 作为试验场地。

(三)示范运行项目

由 KRISO 研发的漂浮摆式波浪能发电装置(TPWEC),总装机 300 kW,PTO 采用液压传动系统,采用 4 点 8 线悬链式系泊系统,2016 年完成装置建造,2017 年对远程操作和监控系统进行了测试和优化。2018 年漂浮摆式波浪能发电装置(FPWEC)安装到 K-WETEC 波浪能试验场的第四个泊位,并实现并网。

由 KRISO 设计研发的海洋温差能转换示范装置,总装机容量为 1 MW,目前已完成系统各关键部件建造及测试,将于 2019 年集成到专用驳船上,并在韩国东海岸进行试运行,2020 年将在基里巴斯的塔拉瓦岛进行陆上设施的转移和建造,并长期示范运行。

六、印度海洋能年度进展

(一)海洋能政策

印度地球科学部(Ministry of Earth Sciences, MoES)国家海洋技术研究所(NIOT),从事海洋能相关技术研发,根据需要还会向新能源和可再生能源部(MNRE)(主要负责可再生能源的电价制定和政策规划)提供海洋可再生能源方面的建议。

(二)技术研发项目

NIOT 一直致力于振荡水柱式波浪能发电装置研发,并为导航浮标提供电力。研制的全天候漂浮式波浪能动力导航浮标,在印度钦奈的卡玛拉吉港口航道附近实现连续运行。

NIOT 最近建立的实验室对海洋温差能转换(OTEC)和低温热法淡化(LTTD)的各种关键组件进行实验研究,在卡瓦拉蒂岛建立了海洋温差能海水淡化装置。

七、西班牙海洋能年度进展

(一)海洋能政策

2018 年,西班牙政府开始制定《2021—2030 年国家能源和气候综合计划》和《能源转型和气候变化法》。这两项计划都可能在 2019 年正式获批,届时,将确定 2030 年的目标和新规则,以促进可再生能源的总体发展,特别是海洋能。

能源政策由新的生态转型部负责,开发海洋能发电场(环境、海洋空间利用、发电)所需的主要许可必须得到该部的批准。

(二)技术研发项目

由 H2020 计划资助的 OPERA 项目继续取得良好进展,该项目由西班牙 TECNALIA 研究院牵头。2018 年,在 Mutriku 波浪能电站完成了双径向透平测试,还研制了一种复杂的新型弹性系泊缆并成功布放,详见 http://opera-h2020.eu。

(三)示范运行项目

BiMEP 位于比斯开省 Armintza,2015 年 6 月开始运营。BiMEP 拥有西班牙第一个并网运行的漂浮式波浪能发电装置,MARMOK-A-5 由 OCEANTEC 开发(2018 年 9 月被 IDOM 收购),于 2016 年首次安装,在经历了两个冬天的测试之后,在 OPERA 项目的支持下,将装置回收进行改进后于 2018 年 10 月重新布放到 BiMEP(图 5.11)。

加那利群岛的海洋平台(PLOCAN)可用于海洋能发电装置测试以及其他用途,该多功能平台提供了海上办公室、实验室、教室、培训室和开放式工作区。2018 年,新安装的两条海底电缆(5 MW/13.2 kV)投入使用,预计 2019 年实现并网。

Mutriku 波浪能电站是世界上第一个多透平波浪能电站,建在巴斯克地区的一个防波堤内,电站包括 16 个气室和 16 个“Wells 透平+发电机”，每个机组装机容量 18.5 kW。电站自 2011 年 7 月并网至今累计并网发电量达到 177×10^4 kW·h。其中两个气室可用于测试振荡水柱式组件。

图 5.11　MARMOK-A-5 重新布放到 BiMEP

HarshLab 是一个先进的漂浮式海上实验室，用于评估 TECNALIA 研究院开发的海上环境监测用的标准化探头和组件。适用于在实海况条件下，对新材料和解决方案开展抗腐蚀测试、老化测试和结垢测试。2018 年 9 月，在 BiMEP 安装了第一个 HarshLab(图 5.12)，可用于海洋技术(包括海洋能)组件和子系统的测试。

ARRECIFE 公司研制的 AT-0 漂浮式波浪能发电装置，采用类似于双体船或三体船的浮动平台，安装一系列涡轮机来实现波浪能发电，容易实现模块化扩展，设计波高为 1~5 m。1/2 比例样机将于 2019 年在 BiMEP 开展离网测试(图 5.13)。

图 5.12 HarshLab 平台布放到 BiMEP

图 5.13 AT-0 漂浮式波浪能发电装置

八、爱尔兰海洋能年度进展

2018 年 5 月，爱尔兰通信、能源和自然资源部(DCENR)公布了海上可再生能源发展规划(OREDP)最终审查报告。2018 年，爱尔兰的 OE 浮标和 Gkinetic 等技术开发取得了较大进展。OE 浮标在美国俄勒冈州完成 500 kW 装置建造，将于 2019 年到夏威夷的美国海军波浪能试验场进行测试。

（一）海洋能政策

2017 年 9 月，通信、气候行动和环境部发布了“爱尔兰可再生能源电力支持计划公众咨询”，新的可再生能源电力支持计划（RESS）的主要目标是激励更多的可再生能源发电，以实现国家和欧盟范围内的可再生能源和脱碳目标，浮动上网固定补贴（FiP）是拟采用的可再生能源激励电价政策，将通过竞价方式进行分配，小规模发电或新兴技术可能存在例外情况。

爱尔兰可持续能源管理局（SEAI）样机开发基金，旨在加强对波浪能和潮流能装置研发、测试和布放的支持。自 2009 年启动以来，已为 110 余个项目提供了超过 1 700 万欧元的资金资助。

（二）技术研发项目

爱尔兰海洋可再生能源中心（MaREI）由爱尔兰科学基金会（SFI）支持，致力于推动能源和海洋的研究、创新和商业化。到 2018 年年底，MaREI 开展了 50 余个产业合作项目。与科克大学、高威大学（National University of Ireland，Galway）、都柏林大学（University College Dublin）等共同推动爱尔兰的海洋可再生能源产业的商业化。

利尔国家海洋试验场（Lir NOTF）位于科克大学，是世界一流的可再生能源和海洋研究中心，具有可升级和扩展的水池，可用于测试小比例海洋可再生能源发电装置。

（三）示范运行项目

爱尔兰戈尔韦湾试验场（Irelands Galway Bay Test Site）于 2018 年获得新的35 年租约，并于 2018 年 7 月重新投入使用。爱尔兰海洋研究所研制的 eForcis 小型波浪能发电装置，利用浮标的运动和简单的电磁原理来捕获能量，可作为恶劣海况下离网工作的海洋设备的替代电源，2018 年在该试验场进行了测试(图 5.14)。

图 5.14　eForcis 在戈尔韦湾试验场测试

九、荷兰海洋能年度进展

(一)海洋能政策

自 2019 年开始，荷兰国家可再生能源补贴计划(SDE)将向潮流能、波浪能发电开放。但由于海上风电成本的降低，最高补贴基准已降至 0.13 欧元/(kW·h)。

(二)技术研发项目

2018 年，SeaQurrent 公司持续研发“潮流风筝”装置，并在荷兰海事研究所(MARIN)试验场开展了测试验证。2019 年将在荷兰北部的瓦登海开展第一个商业示范项目。

REDStack 公司致力于盐差能技术开发，已在阿夫鲁戴克大堤坝试验场完成了技术测试，下一步将在卡特韦克建立第一个盐差能示范电站。

(三)示范运行项目

2018 年，Tocardo 公司进一步测试了位于东斯海尔德的潮流能电站，该电站总装机容量为 1. 25 MW(图 5. 15)。

图 5. 15　Tocardo 防风暴桥潮流能电站

十、澳大利亚海洋能年度进展

澳大利亚拥有相当丰富的波浪能和潮流能资源，新兴海洋能产业有助于推动澳大利亚蓝色经济的发展，同时积极推进减少碳排放措施的实施。澳大利亚可再生能源署(ARENA)委托进行的国内“海洋能评估”，对澳大利亚海洋能中长期发展进行了评估，报告于 2018 年 11 月完成并提交给了 ARENA，将影响未来的海洋能政策。

(一)海洋能政策

2018 年 11 月，德豪国际(BDO)悉尼会计师事务所进行的一项独立调查评估了海洋能对澳大利亚经济的重要性。截至 2018 年 6 月 30 日，6 家海洋能技术开发商(波浪能和潮流能)公布了约 1 660 万美元的投资，其中约 60%投资在国内。2018 年 7 月 1 日至 2019 年 6 月 30 日的经费预计将大幅增加至 2 950 万美元，增幅为 77%。

(二)技术研发项目

继成功完成澳大利亚波浪能源资源评估项目之后，塔斯马尼亚大学澳大利亚海事学院(Australian Maritime College, AMC)和联邦科学与工业研究组织(CSIRO)牵头正在开展澳大利亚潮流能源资源评估。

(三)示范运行项目

MAKO 潮流能涡轮机装置在澳大利亚东部格拉德斯通港口实现示范运行，该公司正在东南亚同步进行示范项目。

缩略语词汇表

AMETS	Atlantic Marine Energy Test Site，大西洋海洋能试验场
AOEG	Australia Ocean Energy Group，澳大利亚海洋能源行业组织
ARENA	Australian Renewable Energy Agency，澳大利亚可再生能源署
BEIS	Department for Business，Energy and Industrial Strategy，英国商业、能源和产业战略部
BiMEP	Biscay Marine Energy Platform，比斯开海洋能试验场
BTTS	(Marine Renewable Energy Collaborative) Bourne Tidal Test Site，海洋可再生能源联盟(MRECo)伯恩潮流能测试场
CEMIE-Océano	Mexican Energy Innovation Centres，墨西哥海洋能源创新中心
CfD	Contract for Difference，差额合约制
CHTTC	Canadian Hydrokinetic Turbine Test Centre，加拿大水轮机测试中心
CORE	Center for Ocean Renewable Energy，(新罕布什尔大学)海洋可再生能源中心
CREB	Clean Renewable Energy Bond，清洁可再生能源债券
CSIRO	Commonwealth Scientific and Industrial Research Organisation，联邦科学与工业研究组织
DanWEC	Danish Wave Energy Center，丹麦波浪能中心
DanWEC NB	DanWEC Nissum Bredning　丹麦波浪能中心尼苏姆湾试验场
DCCAE	Department of Communications，Climate Action and Environment，(爱尔兰)通信、气候行动和环境部
DCENR	Department of Communications，Energy and Natural Resources，(爱

	尔兰)通信、能源和自然资源部
DGMAF	Directorate General for Maritime Affairs and Fisheries，欧盟海洋与渔业总司
DORETS	(UMaine) Deepwater Offshore Renewable Energy Test Site，(缅因大学)深海可再生能源试验场
DTP	Dynamic Tidal Power，动态潮汐能
EMEC	European Marine Energy Centre，欧洲海洋能源中心
EPSRC	Engineering and Physical Sciences Research Council，英国工程与自然科学研究理事会
ERDF	European Regional Development Fund，欧洲区域发展基金
ERI@ N	Energy Research Institute@ NTU，南洋理工大学能源研究所
ETI	Energy Technologies Institute，能源技术研究所
FiP	Fit-in-Premium，固定补贴
FiT	Feed-in-Tariff，固定上网电价
FORCE	Fundy Ocean Research Center for Energy，芬迪湾海洋能源研究中心
FORESEA	Funding Ocean Renewable Energy through Strategic European Action，战略性欧洲行动计划海洋可再生能源基金
FP7	Seventh Framework Programme，欧盟第七框架计划
FPP	Floating Power Plant，浮式波浪能电站
IEA	International Energy Agency，国际能源署
IEC	International Electrotechnical Commission，国际电工委员会
JPWETF	Jennette's Pier Wave Energy Test Facility，珍妮特码头波浪能试验场
JRC	Joint Research Center，(欧盟)联合研究中心
KIOST	Korean Institute of Ocean Science and Technology，韩国海洋科学技术研究院
KRISO	Korea Research Institute of Ships and Ocean Engineering，韩国船舶

与海洋工程研究所

KTEC	Korea Tidal Energy Center，韩国潮流能中心
K-WETEC	Korea Wave Energy Test Evaluate Cente，韩国波浪能测试和评估中心
LCoE	Levelized Cost of Electricity，均化发电成本
Lir NOTF	Lir National Ocean Test Facility，利尔国家海洋试验场
LTTD	Low Temperature Thermal Desalination，低温热法淡化
MaREI	Marine and Renewable Energy Ireland，爱尔兰海洋可再生能源中心
MEAD	Marine Energy Array Demonstrator scheme，海洋能阵列示范计划
MEC	Marine Energy Council，（英国）海洋能理事会
META	Marine Energy Test Area，META 海洋能试验场
MHK	Marine and Hydrokinetic，海洋和水动力
MNRE	Ministry of New and Renewable Energy，（印度）新能源和可再生能源部
MPS	Marine Power Systems，海洋动力系统公司
MRCF	Marine Renewables Commercial Fund，（苏格兰）海洋可再生能源商业化基金
MRIA	Marine Renewables Industry Association，（北爱尔兰）海洋可再生能源行业协会
MRPF	Marine Renewables Proving Fund，海洋可再生能源试验基金
MSP	Marine Spatial Planning，海洋空间规划
MTDZ	Morlais Tidal Demonstration Zone，MTDZ 潮流能试验场
NAVFAC	Naval Facilities Engineering Command，美国海军设施工程司令部
NERC	Natural Environment Research Council，英国自然环境研究理事会
NIOT	Indian Institute of Ocean Technology，印度国家海洋技术研究所
NMREC	National Marine Renewable Energy Center，国家海洋可再生能源中心

NNMREC	Northwest National Marine Renewable Energy Center，西北国家海洋可再生能源中心
NREL	National Renewable Energy Laboratory，国家可再生能源实验室
NSF	National Science Foundation，美国国家科学基金会
NWEI	Northwest Energy Innovations，西北能源创新公司
OEL	(UMaine Alfond W2) Ocean Engineering Lab，(缅因大学)海洋工程实验室
OES-IA	Ocean Energy System-Implementation Agreement，海洋能源系统实施协议
OES-TCP	Ocean Energy System-Technology Collaboration Programme，海洋能系统技术合作计划
ONR	Office of Naval Research，美国海军研究办公室
OPT	Ocean Power Technologies，(美国)海洋电力技术公司
OREDP	Offshore Renewable Energy Development Plan，(爱尔兰)海上可再生能源发展规划
ORNL	Oak Ridge National Laboratory，橡树岭国家实验室
OTECTS	Ocean Thermal Energy Conversion Test Site，海洋温差能试验场
PLOCAN	Oceanic Platform of the Canary Islands，加那利群岛海洋平台
PMEC LW	Pacific Marine Energy Center Lake Washington，太平洋海洋能中心华盛顿湖试验场
PMEC NETS	Pacific Marine Energy Center North Energy Test Site，太平洋海洋能中心北部能源试验场
PMEC SETS	Pacific Marine Energy Center South Energy Test Site，太平洋海洋能中心南部能源试验场
PMEC TRHTS	Pacific Marine Energy Center Tanana River Hydrokinetic Test Site，太平洋海洋能中心塔纳纳河水动力试验场
PNNL	Pacific Northwest National Laboratory，西北太平洋国家实验室
PTO	Power Take-Off，动力输出装置

REC	Renewable Energy Certificate，可再生能源证书
REC	Runde Environmental Cerntre，伦德环境中心
REIF	Renewables Energy invest Fund，苏格兰可再生能源投资基金
RESS	Renewable Electricity Support Scheme，（爱尔兰）可再生能源电力支持计划
RO	Renewables Obligation，可再生能源义务
ROC	Renewable Obligation Certificate，可再生能源义务证
RPS	Renewable Portfolio Standard，可再生能源配额制
SDE	subsidy scheme，（荷兰）国家可再生能源补贴计划
SEAI	Sustainable Energy Authority of Ireland，爱尔兰可持续能源管理局
SEENEOH	Site Experimental Estuarial National pour Essai et Optimisation Hydroliennes，SEENEOH 潮流能试验场
SEM-REV	Site d'Essais en mer，SEM-REV 海洋能试验场
SET- Plan	European Strategic Energy Technology Plan，欧洲战略能源技术规划
SFI	Science Foundation Ireland，爱尔兰科学基金会
SNL	Sandia National Laboratories，桑迪亚国家实验室
SNMREC	Southeast National Marine Renewable Energy Center，东南国家海洋可再生能源中心
STTS	Sentosa Tidal Test Site，圣淘沙岛潮流能试验场
SUPERGEN	Sustainable Power Generation and Supply，电力能源可持续生产和供给计划
TTC	Tidal Test Centre，TTC 潮流能试验场
UCC	University College Cork，爱尔兰国立科克大学
UKAS	United Kingdom Accreditation Service，英国皇家认可委员会
USACE FRF	U.S. Army Corps of Engineers Field Research Facility，美国陆军工程师团河流能试验场
VLAIO	Flemish Agency for Innovation and Entrepreneurship，弗兰德创新

创业局

WD	Wave Dragon，浪龙公司
WERC	Wave Energy Research Center，（加拿大北大西洋大学）波浪能研究中心
WES	Wave Energy Scotland，苏格兰波浪能计划
WETS	Wave Energy Test Site，美国海军波浪能试验场
WPTO	Water Power Technologies Office，水能技术办公室